3D-CGプログラマーのための
クォータニオン入門
[四訂版]

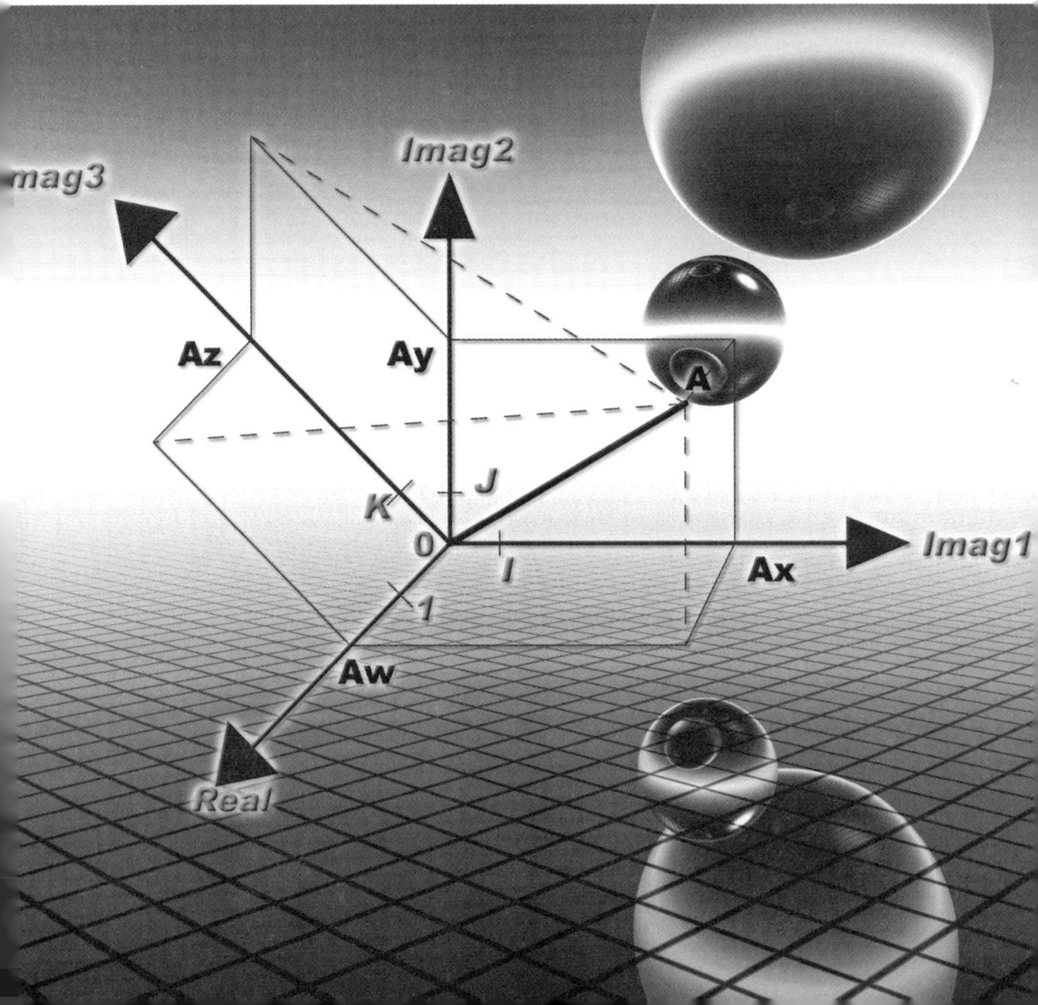

はじめに

「クォータニオン」はコンピュータグラフィックス(CG)プログラミングにおいて必須の知識である。しかしながら、我が国では「クォータニオン」に関する教科書は乏しく、また大学や大学院でも教わることはめったにない。そのため、実際にクォータニオンが使われているプログラムを見ながら「なんとなく」使えているというのが大方の現状ではないだろうか(かく言う筆者もその一人であった)。

そこで本書は特にCGプログラマーを対象に数学とプログラミングの両面からクォータニオンを押さえることを目的とする。

クォータニオンを理解するためには、「数」とは何か、「行列」とは何か、「ベクトル」とは何かという洞察が必要になる。本書ではこれらの疑問に、C++プログラミングの技法を使いつつ切り込むことで、クォータニオンの本質をすべて明らかにする。

また本書では、クォータニオンの裏側に潜む世界、「スピノール」にもふれる。クォータニオンが4個の実数をもつ3次元のベクトルであるという不可思議な理由は、スピノールの性質によるのである。

最後に、本書の執筆に惜しみない助言をいただいた、佐藤宏介博士、日浦慎作博士、著者のホームページを見てメールを下さった多くの人々に心から感謝したい。

2004年　金谷一朗

本書は、理解の助けとして本文中にいくつかの教育用サンプル・コードを入れてある。これらのプログラミング環境として、

- ISO C++ 言語 (C++98)
- OpenGL 1.0 互換アプリケーション・プログラム・インターフェイス (API)

を想定した。おそらくどちらもCGプログラマーには馴染み深いものであろう。

また、本文中のサンプル・コードだけではやや数学的すぎるきらいがあるので、付録として、マウスによるナチュラルな視点移動を可能にする実用的なプログラムを掲げた。こちらは、

- ANSI C 言語 (C89/C90)
- OpenGL 1.0 互換 API
- OpenGL Utility Toolkit (GLUT) 3.5 互換 API

を使い、極力「枯れた」API部分だけを利用した(開発環境はすべて無料で手に入る)。

付録プログラムにC++言語ではなくC言語を用いたのは、コンパイラ間の互換性への配慮と若干の最適化のためである(それにC言語はほとんどすべてのプログラマーの第2言語であろう!)。

なお、サンプル・コードは、

- Microsoft Windows 10 ビルド 1803, 【無償版】Visual Studio, GLUT3.7
- Apple macOS High Sierra (10.13.4), Command Line Tools (macOS 10.13) for Xcode 9.3, Additional Tools for Xcode 9.3

でテストした。

増補にあたって

本書は、「実数」「複素数」「クォータニオン」が共通のインターフェイスをもつことに、まず着目した。共通のインターフェイスをもつものには、共通の名前をつけると便利である。「実数」「複素数」「クォータニオン」に共通の名前は、「数」である。ただし、「数」というと、いかにも大雑把でもある。

増補にあたって、“とある量”たちがどのような共通のインターフェイスをもっているかについて、詳しく解説することにした。

「群(ぐん)・環(かん)・体(たい)とクォータニオン」では、代表的な「代数的構造」(インターフェイス)である「群」「環」「体」について一つずつ見ていく。本書の主題である「回転」は、ある決まった方法で合成できる。そこで、この合成のインターフェイスが共通なものを、1つの「群」と呼ぶことにする。

大雑把に言うと、「群」としてのインターフェイスを2種類もつものが「環」と「体」である。「実数」「複素数」「クォータニオン」はそれぞれ「体」である。本書で、もともと「数」と呼んでいたのは、「体」のことであった。

続く「リー代数」の章では、「回転」の舞台裏を紹介する。「2次元」の場合は「2×2行列」でも、「複素数」でも「回転」を表現できるし、「3次元」の場合は「3×3行列」でも「クォータニオン」でも「回転」を表現できた。「リー代数」は、その背後のメカニズムを説明するものである。

最後に追加した「束(そく)」の章は、いわば“余禄”である。「実数」「複素数」「クォータニオン」は、コンピュータ上で実装される場合、必ず「2進数のデジタルデータ」として表現され、すべての演算は「ビット演算」(と「テーブル参照」)に置き換えられる。「ビット演算」は「論理演算」とも呼ばれる。それは、「ビット演算」と「論理演算」が同じインターフェイスをもつからである。

「束」の章では、「論理演算」を抽象化し、「束」のインターフェイスを詳述する。

天才数学者フォン・ノイマンは、「束」に関して、19世紀の「ブールの理論」を飛躍的に前進させて、20世紀の量子力学の理論的基礎固めを行った。量子力学は、パウリをして、当時忘れられていた19世紀のハミルトンの「クォータニオン」を現代に甦らせた。そして、いま我々が目にしているのは、フォン・ノイマンが基本設計を行なった、「デジタル・コンピュータ」である。

我々プログラマーは、ぜひその背後にある物理学や数学といったメカニズムにも目を向けていきたい。それが、プログラマーを長く続けられる秘訣でもあるだろう。

2015年　金谷一朗

本書「四訂版」では、絶版などの理由により参考文献を更新した他、現在の環境に合わせたコラムの追加を行ないました。

2022年　編集部

3D-CGプログラマーのための クォータニオン入門 [四訂版]

目次

第1章

実数・複素数・クォータニオン—数

クォータニオンは数である。当たり前のことをと読者諸君は思われるかもしれないが、クォータニオンが数であることは、クォータニオンの際立った特徴であり、クォータニオンのすべてでさえある。たとえば、よく混同されるが、一般にベクトルは数ではない。

では、「数」とは何だろうか。

我々は普段「数」という言葉を何気なく使っているが、まずはじめに「数」とは何なのかということをはっきりさせておきたい。というのは、「数」と「数でないもの」の区別は、クォータニオンを知る上で大変重要だからである。

まず、「数」と言って思いつくのは、**実数**と**整数**であろう。実は整数のほうは数学的な取り扱いが実数より若干難しいので、ここでは実数に絞って話を進める。

実数の性質とは何だろうか。何も数学の教科書を引っ張り出す必要はなく、**C++言語**で普段使っている知識を思い出すだけで充分である。C++言語の**double**型は実数を表わすのによく使われるから、**double型**の**数値演算**（1個ないし2個の**double**型引数をとり、**double**型を返す演算子）について思い出してみよう。C++言語では**表1.1**に示した演算子が定義されている。

表1.1　C++言語で定義されているdouble型の演算

演算子	例	演算子の宣言（もしあれば）
単項プラス	+a	double operator + (double);
単項マイナス	-a	double operator - (double);
和	a + b	double operator + (double, double);
差	a - b	double operator - (double, double);
積	a * b	double operator * (double, double);
商	a / b	double operator / (double, double);

数学の（そしてオブジェクト指向プログラミングの）偉大なるトリックは、対象そのもののディテールからいったん離れ、対象の**抽象的な性質**だけを抜き出すことである。C++言語風に言えば、クラスがどのように実装されているのかを忘れ、クラスの**インターフェイス**にだけ注目し、そのインターフェイス（C++言語では純粋仮想クラスなりクラス・テンプレートなりで表現できる）に名前をつけることが、ここでいう抽象的な性質の抜き出しである。

いま我々は**double**型の演算子を調べたが、**double**型というディテールを忘れてしまい、とある**クラス**Tに、それぞれ1個ないし2個のT型引数をとり、T型を返す

単項プラス、単項マイナス、和、差、積、商が定義されていたとしよう。このとき、クラスTは**数としてのインターフェイス**をもつと言い、クラスTは数(の一種)と呼んでかまわない。

数学ではもう少し細かい議論が必要になる。まず第一に、単項プラスは必要ない(どうせ**double**型の単項プラス演算子は何もしない)。

次に、引き算は**ゼロ「0」からの引き算**さえできればよい。つまり、

```
a = b - c;  ←一般の引き算
```

は、

```
a = b + (0 - c);  ←特別バージョンの引き算(第1引数が0)
```

と等価であるから、特別バージョンの引き算だけあればよい。幸い、C++言語の**double**型には**単項マイナス演算子**があり、この意味で使われる。たとえば、次のとおり。

```
a = b + - c;  ←単項マイナス演算子を利用した引き算
```

特別バージョンを考えるメリットは、数学的には特別バージョンだけ考えればよいので議論がシンプルになることであり、C++言語的には特別バージョンも実装することで一般にプログラムの最適化が可能になることである。

引き算と同様に、割り算は**イチ「1」からの割り算**さえできればよい。

```
a = b / c;  ←一般の割り算
```

は、

```
a = b * (1 / c);  ←特別バージョンの割り算(第1引数が1)
```

と等価であるから、やはり特別バージョンの割り算さえあればよい。

いままで見てきたもの、すなわち、

- ・和
- ・ゼロ「0」と特別バージョンの差
- ・積
- ・イチ「1」と特別バージョンの商

が数のインターフェイスのすべてである。

この章では、実数、複素数の性質(インターフェイス)を調べ、クォータニオンが同じ性質(インターフェイス)をもつことを紹介する。

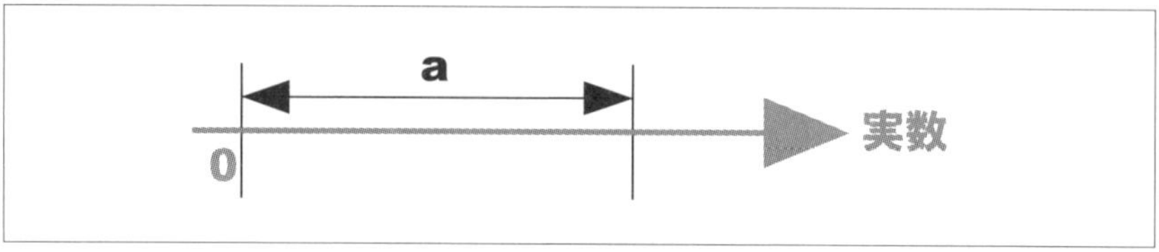

図1.1　実数の幾何学的解釈

1.1 実数の性質

ある数aが**実数**であることを数学では、

$$a \in \mathbb{R}$$

と書く。記号「$\mathbb{R}$」は実数という意味である。

C++言語では**float**型や**double**型が実数を表現するのに適している。数学でいう「$a \in \mathbb{R}$」はC++言語で言えば、

```
double a;   ← double型の変数aを定義
```

または、

```
extern double a;   ← double型の変数aを宣言
```

とだいたい同じ意味である。

C++言語では実数型変数の初期化の方法は3通りあって、

```
double a = double(1.2);   ← 礼儀正しい書き方
double b(1.2);            ← 省略された書き方
double c = 1.2;           ← c 言語と同じ書き方
```

のいずれも正しい初期化方法である。

実数をもう1つの側面から見てみよう。**図1.1**は実数の幾何学的な意味である。ある軸（**実軸**と呼ぶ）に沿った線分の長さaは実数の具体例である。
（図中のゼロ0は、軸の**原点**すなわち「ここが始まりですよ」という目印である。ゼロ0については**第1.1.2節**で詳しく述べる）。

1.1.1 実数の和

実数の厳密な定義を考える代わりに、実数が備えている性質を考えてみよう。まず、実数は、**足し算ができる**。足し算ができるという意味は、実数bと実数cを

足した結果(**和**)aはまた実数ですよ、というほどの意味である。これを数学的に書くと、

$$a = b + c \text{ のとき } b, c \in \mathbb{R} \text{ ならばいつも } a \in \mathbb{R} \text{ である}$$

となるが、長ったらしいので、

$$a = b + c; \quad a, b, c \in \mathbb{R} \qquad \cdots\cdots(\text{足し算の性質})$$

と省略して書くことにする。

実数に足し算が定義されている、という意味は、C++プログラムで言えば、

```
double a, b = 1.0, c = 2.0;
a=b+c;  ←── 足し算
```

というコードをコンパイラが**解釈できる**ことと同じ意味である。

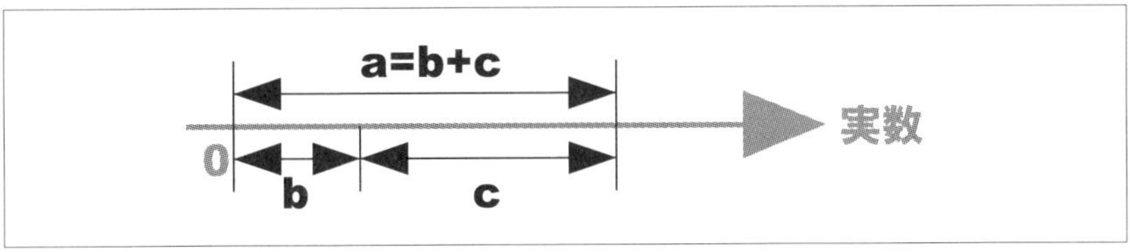

図1.2　実数の和の幾何学的解釈

実数の足し算を幾何学的に描くと、**図1.2**のようになる。実数を表わす直線(実軸)があり、長さbの線分と長さcの線分をつないだ線分の長さがaである。別な見方をすると、ある点bからある点aへ**平行移動**させるのが足し算で、**平行移動の距離**がパラメータcであるともいえる。

1.1.2　実数の和の単位元(ゼロ、零元)

実数には**ゼロ**「0」が**含まれる**。足し算の立場から見れば、

$$a + b = b; \quad a, b \in \mathbb{R}$$

であるとき、かつそのときに限り、

$$a = 0$$

である。言い換えると、

$$0 + a = a$$

が0の**定義**である。ゼロは**和の単位元**、または**零元**と呼ばれる。

C++言語では実数のゼロを表わすのに、

```
const double REAL_ZERO = 0;  ← REAL_ZERO はdouble 型の定数
```

のような書き方をする。

リテラル（定数）の「0」は**int**型であるが、暗黙の型キャストで**double**型の「0.0」に変換される。C++言語の**int**型リテラル「0」は、ほとんどすべての型と互換性がある。たとえば、ヌル・ポインタは伝統的な「NULL」マクロではなく「0」を用いることが推奨されている。

1.1.3 実数の和の逆元（単項マイナス、負元）

ある実数「a」に足すと「0」になるような実数を、**和に関する逆元**または**和の逆元**（または**負元**）と呼び、「-a」で表わす。つまり、

$$-a+a=0 \quad \cdots\cdots（和の逆元の定義）$$

であるような「-a」が「a」の和に関する逆元の定義である。

和の逆元を使えば**引き算**ができる。すなわち、

$$a=b-c \iff a=b+(-c);\quad a,b,c\in\mathbb{R} \quad \cdots\cdots（引き算の定義）$$

であるから、**引き算は足し算の一種**である。

C++言語で言い換えれば、

```
double a, b = 1, c = 2;
a = b - c;  ← 引き算
```

の代わりに、

```
a = b + - c;  ← 足し算と単項マイナスを用いた引き算
```

としてもよいのと同じである。

1.1.4 実数の積

実数のもうひとつの側面は、**掛け算ができる**ということである。掛け算ができるとは、実数同士の掛け算の結果（**積**）がまた実数であるという程度の意味である。すなわち、実数bと実数cの積をaとするとき、

$$a=b\cdot c;\quad a,b,c\in\mathbb{R} \quad \cdots\cdots（掛け算の性質）$$

である。積「b・c」は掛け算記号「・」を省略して、「bc」と書く場合もある。

C++言語では掛け算をするときは、たとえば、

```
double a, b = 1, c = 2;
a = b * c;    ← 掛け算
```

と書く。

掛け算の幾何学的なイメージは、**図1.3**のように、「ある実数bにパラメータがcであるような**ある変更**(数学では**変換**という)を施すと、実数aになる」というイメージである。

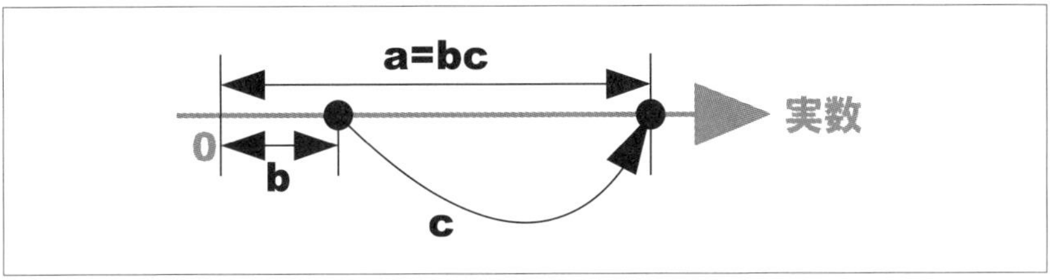

図1.3 実数の積の幾何学的解釈

1.1.5 実数の積の単位元(イチ)

イチ「1」は、**実数単位**または単に**単位**ともいう。「1」はどのような実数「a」に掛けても、値が変わらないものと定義する。つまり、

$$ab = ba = b; \quad a, b \in \mathbb{R}$$

であるとき、かつそのときに限り、

$$a = 1$$

である。言い換えると、

$$1a = a1 = a; \quad a \in \mathbb{R}$$ ……(イチ「1」の定義)

がイチ「1」の定義である。

さて、なぜわざわざ「 $ab = ba$ 」と断ったかというと、実数では常に「 $ab = ba$ 」であるが、現代数学では一般に、

$$ab \neq ba$$

であることが普通だからであり、**実数は特殊なケース**だからである。これは非常識に見えるかもしれないが、仕方のないことなのである。

実数が「 $ab = ba$ 」という性質をもつことを、**実数は掛け算に関して可換**であるという。この後登場する複素数も掛け算に関しては可換であるが、クォータニオンは掛け算に関して**可換ではない**。そこで、我々も今後は**掛け算の順序**に気をつけることにする。

（足し算記号はいつも可換な演算を表わす、すなわち、「 $a+b=b+a$ 」である、というのが数学での暗黙の了解である）。

あらゆる実数は、

$$a = 1a; \quad a \in \mathbb{R}$$

であるから、実数は「1」と自分自身の掛け算の結果である。しかし、普通「1」は省略する。

C++言語では実数のイチを表わすのに、

```
const double REAL_UNIT = 1;   ← REAL_UNIT はdouble型の定数
```

のような書き方をする。

1.1.6 実数の積の逆元（逆数）

ある実数「a」に掛けると「1」になるものを「aの**積に関する逆元**または**積の逆元**」といい、「 a^{-1} 」と書く。積に関する逆元は単に**逆数**と呼ぶこともある。

我々は掛け算の順序にも気をつけることにしたから、ここでは、ある実数「a」に**左から**掛けると「1」になるものを「aの逆数」と呼ぶことにしよう。すなわち、

$$a^{-1}a = 1; \quad a \in \mathbb{R} \qquad \cdots\cdots\text{（積の逆元の定義）}$$

であるとする。実数「a」の逆数「 a^{-1} 」もまた実数であり、

$$a^{-1} = \frac{1}{a}$$

とも書く。

C++言語には実数の逆数を求める演算子はないが、次のように関数を作ることは簡単である。

```
inline double inverse(double r)
    r の逆数を返す
{
```

```
    return 1 / r;
}
```

関数inverseを使えば、aの逆数「a_inv」は、

```
double a_inv, a = 2;
a_inv = inverse(a);  ←── a_invはaの逆数
```

と書ける。

割り算も引き算の例にならって、逆数との掛け算で書き直してしまおう。すなわち、

$$a = \frac{c}{b} \text{ または } a = c \div b \quad \Longleftrightarrow \quad a = b^{-1}c \quad \cdots\cdots \text{（割り算の定義）}$$

と定義する。

C++言語の言葉を借りれば、先ほどの関数inverseを使って、

```
double a, b = 1, c = 2;
a = c / b;  ←── 割り算
```

の代わりに、

```
a = inverse(b) * c;  ←── 関数inverseと掛け算を利用した割り算
```

とするのである。なぜこのようなことをするのかと言えば、より複雑な型については、割り算を定義するよりも逆数を定義したほうが簡単な場合が多いからである。

1.1.7 和と積の関係

これまで、実数に関する足し算と掛け算を見てきたが、次に**足し算と掛け算の関係**を見てみよう。足し算と掛け算の関係は以下のとおりである。

① 足し算と掛け算が混在する場合は、掛け算を先に計算する。すなわち、
である（この関係はC++言語でも演算子の優先順位として忠実に再現されている）。

$$\begin{aligned} ab + c &= (ab) + c \\ &\neq a(b + c) \end{aligned}$$

② 足し算と掛け算はそれぞれ計算の順序に依存しない。すなわち、

$$a+b+c=(a+b)+c$$
$$=a+(b+c)$$
$$abc=(ab)c$$
$$=a(bc)$$

である。この規則を**結合則**という。

③ 足し算と掛け算の間には次の規則があると定義する。

$$a(b+c)=ab+ac$$
$$(a+b)c=ac+bc$$

この規則を**分配則**という。

④ どのような実数でもゼロ0を掛けたものは0になる。すなわち、

$$0a=a0=0$$

である。実数0の積に関する逆元は**ない**(0に何かを掛けて1にすることはできない)。

これらの関係は、足し算や掛け算の対象が実数であるか否かに**関係ない**。C++言語ではこれらの規則を破るようなクラスを設計することは可能であるが、避けるべきである。

1.1.8 実数の性質のまとめ

実数の特徴をまとめると、以下のようになる。

- 実数同士の**足し算**ができ、その結果は実数である。
- 実数aに対して「 $0+a=a$ 」となるような**和の単位元**「0」がある。
- 実数aに対して「 $-a+a=0$ 」となるような**和の逆元**「-a」がある。
- 実数同士の**掛け算**ができ、その結果は実数である。
- 実数aに対して「 $1a=a1=a$ 」となるような**積の単位元**「1」がある。
- 実数aに対して「 $0a=a0=0$ 」となるような**積の逆元**「 a^{-1} 」がある。

・実数aがあるとき、「 $0a = a0 = 0$ 」である。
・結合側と分配則が成り立つ。

これらが、実数の性質のほとんどすべてである。実数は「数」であることを我々はすでに知っているが、これからは逆に、これらの性質を備えるものを「数」と呼ぶことにしよう。

そこで、標語風に、

> ある型Tについて、
> ・「T型」同士の**足し算**ができ、その結果は「T型」である。
> ・「T型」のaに対して「 $0 + a = a$ 」となるような**和の単位元**「0」がある。
> ・「T型」のaに対して「 $-a + a = 0$ 」となるような**和の逆元**「-a」がある。
> ・「T型」同士の**掛け算**ができ、その結果は「T型」である。
> ・「T型」のaに対して「 $1a = a1 = a$ 」となるような**積の単位元**「1」がある。
> ・「T型」のaに対して「 a^{-1} 」となるような**積の逆元**「 a^{-1} 」がある。
> ・「T型」のaがあるとき、「 $0a = a0 = 0$ 」である。
> ・結合側と分配則が成り立つ。
> であるとき、型Tは「数」であるとする。

とまとめてみよう。たとえば、これから述べる「複素数」や「クォータニオン」は、上述の性質があてはまる。

1.2 複素数の性質

ある変数 α が複素数であることを、数学的には、

$$\alpha \in \mathbb{C}$$

と書く。記号「 $\mathbb{C}$ 」は複素数を表わす。

複素数「 α 」は、**虚数単位**を「 $\boldsymbol{i}$ 」とすると、

複素数の一般形：

$$\alpha = \alpha_x + \boldsymbol{i}\alpha_y; \quad \alpha_x, \alpha_y \in \mathbb{R}$$

と書ける数である。上式はもちろん実数単位「1」(イチ)を省略してあって、正確には、

$$\alpha = 1\alpha_x + i\alpha_y; \quad \alpha_x, \alpha_y \in \mathbb{R}$$

と書くべき式である。

虚数単位 i は、

$$i^2 = -1 \qquad \text{……(虚数単位の定義)}$$

という性質をもった数のひとつである。

実数「α_x」を「複素数 α の**実数成分**」、実数「α_y」を「複素数 α の**虚数成分**」と呼ぶ。虚数単位「i」は実数ではない。

標準C++ライブラリには複素数を表わすクラスとして、**complex クラス・テンプレート**があらかじめ定義されている。

complex クラス・テンプレートは、次のように使うことができる。

```
#include <complex>                ← 複素数ライブラリを使用する
std::complex<double> alpha;  ← alphaは複素数
```

そこで、標準ライブラリのcomplexクラス・テンプレートを調べることで、複素数の性質をおさらいしておこう。

ただし、いちいち名前空間とテンプレート引数を書くのはわずらわしいので、以下「complexクラス」といえば、標準C++ライブラリが提供するcomplexクラス・テンプレートで、テンプレート引数として**double**型をとるものとする。これは以下のような「**typedef**」と等しい。

```
#include <complex>  ← 複素数ライブラリを使用する
typedef std::complex<double> complex;  ← グローバルなcomplex クラス
complex alpha;  ← alphaは複素数
```

複素数の幾何学的イメージを**図1.4**に示す。実数とは違って複素数は2成分なので、軸が2本必要である。この平面は、**複素平面**または**ガウス平面**と呼ばれる。

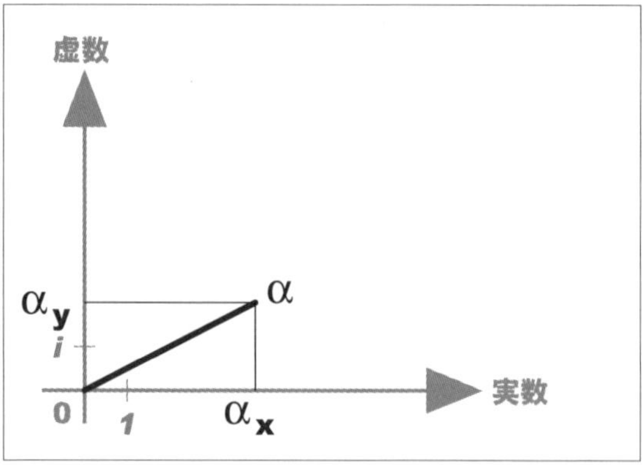

図1.4 複素数の幾何学的解釈

1.2.1 複素数の和

複素数は**足し算**ができる。複素数「β」と複素数「γ」の**和**「α」は、また複素数である。つまり、

$$\alpha = \beta + \gamma; \quad \alpha, \beta, \gamma \in \mathbb{C} \quad \cdots\cdots(\text{和の性質})$$

である。

複素数の足し算は、実数部と虚数部ごとに足し算すればよい。たとえば、

$$\beta = \beta_x + \boldsymbol{i}\beta_y; \ \gamma = \gamma_x + \boldsymbol{i}\gamma_y; \quad \beta_x, \beta_y, \gamma_x, \gamma_y \in \mathbb{R}$$

のとき、

複素数の和の求め方：

$$\begin{aligned}\alpha &= \beta + \gamma \\ &= (\beta_x + \boldsymbol{i}\beta_y) + (\gamma_x + \boldsymbol{i}\gamma_y) \\ &= (\beta_x + \gamma_x) + \boldsymbol{i}(\beta_y + \gamma_y)\end{aligned}$$

である。

標準C++ライブラリではあらかじめcomplexクラスに足し算が定義されており、

```
complex alpha, beta(1, 2), gamma(3, 4);
alpha = beta + gamma;  ←足し算
```

は正しいコードである。

標準C++ライブラリのcomplexクラスの足し算の実装は、2段階に行なわれている場合が多い。すなわち、まず、

```
complex クラスの定義
class complex {
private:
    実数成分と虚数成分
    double x, y;
public:
    足し算代入演算子
    complex &operator += (complex a)
    {
        x += a.x;
```

```
        y += a.y;
        return *this;
    }
    …
};
```

というふうに足し算代入(+=)演算子を定義しておき、

```
complex operator + (complex a, complex b)
足し算演算子
{
    return a += b;
}
```

のようにcomplexクラス同士の足し算(+)演算子を定義する。このテクニックは、演算に必要な一時変数を減らし、演算効率を向上させる効果が期待できる。

複素数の足し算の幾何学的な意味は、**図1.5**に示すような、複素平面上での点「α」から点「β」への**移動**である。この移動は、図では斜めに移動しているが、実数のときと同じように**平行移動**と呼ぶ。

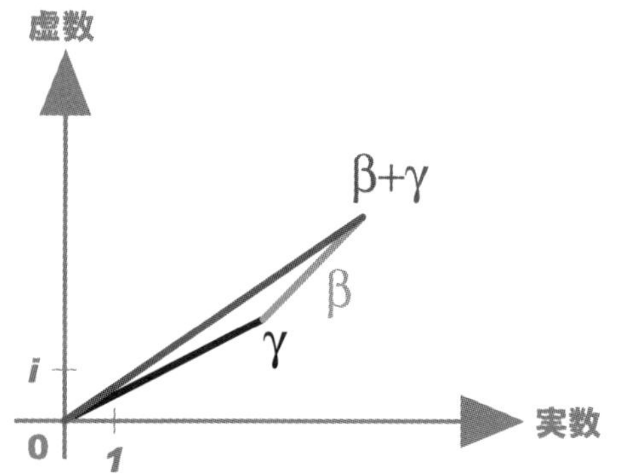

図1.5 複素数の和の幾何学的解釈

1.2.2 複素数の和の単位元(ゼロ)

複素数にも実数同様**ゼロ**が含まれる。複素数のゼロを「$\hat{0}$」と書くことにすると、複素数「α」に「$\hat{0}$」を加えても、値は変わらない。すなわち、

$$\hat{0}+\alpha=\alpha; \quad \alpha\in\mathbb{C} \qquad \cdots\cdots(\text{ゼロの定義})$$

がゼロ「$\hat{0}$」の定義である。複素数の足し算規則からこの条件を満たす「$\hat{0}$」は実数の「0」だけである、すなわち、

$$\hat{0} = 0$$

であることが分かる。したがって、数学では普通複素数のゼロ「$\hat{0}$」と実数のゼロ「0」を区別しない。

数学者は実数の「0」と複素数の「$\hat{0}$」を区別しないが、C++言語では型の区別は重要である。

複素数の「$\hat{0}$」は、

```
const complex COMP_ZERO = complex(0, 0);    ←complexクラスのゼロ
```

のように定義すればよい。ただし、COMP_ZEROが必要な場所に実数リテラルの「0」を書いても、complexクラスのコンストラクタ、

```
complex::complex(double x = 0, double y = 0);
```

による暗黙の型変換が行なわれるため、同じ結果になる。例をあげる。

```
complex alpha(1, 2);
alpha += COMP_ZERO;
    complexクラスの変数にcomplexクラスの定数を足す
alpha += 0;
    0はcomplex::complex(double)によってcomplexクラスに変換される
```

1.2.3 複素数の和の逆元（単項マイナス）

実数同様、複素数にも**和に関する逆元**がある。いま、複素数 α が、

$$\alpha = \alpha_x + \boldsymbol{i}\alpha_y; \quad \alpha_x, \alpha_y \in \mathbb{R}$$

のとき、α の和に関する逆元 $-\alpha$ は、

$$-\alpha + \alpha = 0 \qquad \cdots\cdots（和の逆元の定義）$$

でなければならないから、

複素数の和の逆元の求め方：

$$-\alpha = -\alpha_x - \boldsymbol{i}\alpha_y$$

が自然に導ける。

標準C++ライブラリには、

```
complex operator -(complex);    ←単項マイナス演算子
```

が定義されている。complexクラスの単項マイナス演算子と、complexクラス同士のプラス演算子が定義されているので、

```
alpha = beta + -gamma;  ←足し算と単項マイナスを用いた引き算
```

としてcomplexクラス同士の引き算が計算できる。もっとも標準C++ライブラリはcomplexクラス同士のマイナス演算子を定義しているので、

```
alpha = beta -gamma;    ←引き算
```

としたほうがよい。

1.2.4 複素数の積

複素数「β」と複素数「γ」の積を「α」とすると「α」は複素数である。すなわち、

$$\alpha = \beta\gamma; \quad \alpha, \beta, \gamma \in \mathbb{R} \qquad \cdots\cdots(\text{積の性質})$$

である。ここで、

$$\beta = \beta_x + \boldsymbol{i}\beta_y; \ \gamma = \gamma_x + \boldsymbol{i}\gamma_y; \quad \beta_x, \beta_y, \gamma_x, \gamma_y \in \mathbb{R}$$

とすると、

$$1^2 = 1; \quad \boldsymbol{i}^2 = -1$$

の性質から、

複素数の積の求め方：

$$\begin{aligned}\alpha &= \beta\gamma \\ &= (\beta_x + \boldsymbol{i}\beta_y)(\gamma_x + \boldsymbol{i}\gamma_y) \\ &= \beta_x \cdot \gamma_x + \beta_x \cdot \boldsymbol{i}\gamma_y + \boldsymbol{i}\beta_y \cdot \gamma_x + \boldsymbol{i}\beta_y \cdot \boldsymbol{i}\gamma_y \\ &= (\beta_x\gamma_x - \beta_y\gamma_y) + \boldsymbol{i}(\beta_x\gamma_y + \beta_y\gamma_x)\end{aligned}$$

である。

標準C++ライブラリは複素数の掛け算も定義している。たとえば、次のコードは、複素数「beta」と「gamma」の積を「alpha」に代入する。

```
complex alpha, beta(1, 2), gamma(3, 4);
alpha = beta * gamma; ←掛け算
```

複素数の掛け算の幾何学的な意味は、**図1.6**に示すとおり、ある複素数「α」に

パラメータ「 β 」で表わされる**ある変更**(数学では**変換**)を加えるというほどの意味である。この変換の意味は、**第4章**で詳しく述べる。

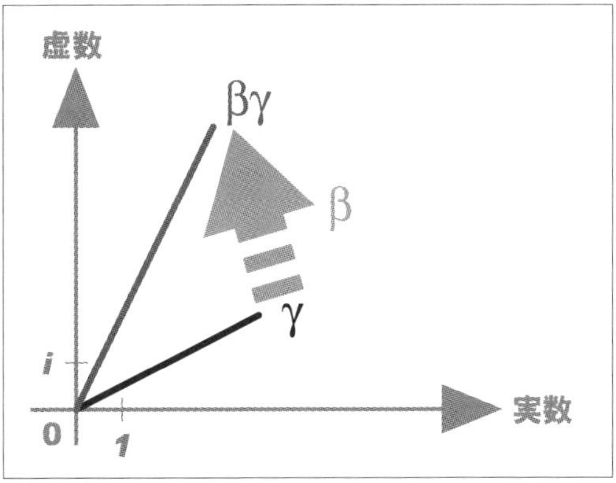

図1.6 複素数の積の幾何学的解釈

1.2.5 複素数の積の単位元(イチ)

複素数にも実数同様積の単位元「イチ」が含まれる。複素数のイチを「 $\hat{1}$ 」と書くことにすれば、

$$\hat{1}\alpha = \alpha\hat{1} = \alpha; \quad \alpha \in \mathbb{C} \qquad \text{……(イチの定義)}$$

が複素数の「イチ」の定義である。複素数の掛け算規則から、複素数のイチ「 $\hat{1}$ 」は実数のイチ「1」でなければならない、つまり、

$$\hat{1} = 1$$

である。したがって、数学では普通は複素数のイチ「 $\hat{1}$ 」と実数のイチ「1」を区別しない。ゼロ「0」のときと同じように、文脈に応じて必要なほうが用いられる(というより数学的には「1」と「 $\hat{1}$ 」は同じものである)。

C++言語で複素数のイチ「 $\hat{1}$ 」を定義すると、

```
const complex COMP_UNIT = complex(1, 0);   ← complexクラスのイチ
```

となる。ただし、COMP_UNIT が必要な場所に実数リテラルの「1」を書いても、complex クラスのコンストラクタ、

```
complex::complex(double x = 0, double y = 0);
```

による暗黙の型変換が行なわれるため、同じ結果になる。例を挙げる。

```
complex alpha(1, 2);
alpha *= COMP_UNIT;
```
complex クラスの変数に complex クラスの定数を掛ける
```
alpha *= 1;
```
1.0 は complex::complex(double) によって complex クラスに変換される

1.2.6 共役複素数

複素数には、実数にはない重要な概念、**共役複素数**がある。すべての複素数には必ず対になる共役複素数があり、複素数と共役複素数の組は双子のような関係にある。いま、「α」が複素数であり、

$$\alpha = \alpha_x + \boldsymbol{i}\alpha_y; \quad \alpha_x, \alpha_y \in \mathbb{R}$$

であるとしよう。「α」の共役複素数は「α^*」と書き、

共役複素数の定義：

$$\alpha^* = \alpha_x - \boldsymbol{i}\alpha_y$$

である。

共役複素数を使うと計算が便利になることが非常に多い。たとえば、後述の複素数の「ノルム」や「逆数」などは、共役複素数を使うことで簡単に計算できるようになる。

標準C++ライブラリにはcomplexクラスの変数の共役複素数を返す関数「conj」があらかじめ用意されている。次のコードは複素数「beta」の共役複素数を「alpha」に代入する。

```
complex alpha, beta(1, 2);
alpha = std::conj(beta);    ← alpha は beta の共役複素数
```

1.2.7 複素数のノルム

複素数にはもうひとつ重要な概念が定義されている。それは、**複素数のノルム**と呼ばれる実数であり、大雑把に言って、複素数の大きさを表わす量である（実数は大小比較ができるが、複素数は**大小比較ができない**）。

いま、複素数「α」が、

$$\alpha = \alpha_x + \boldsymbol{i}\alpha_y; \quad \alpha_x, \alpha_y \in \mathbb{R}$$

であるとき、「α」のノルムは「$\|\alpha\|$」と書き、

$$\|\alpha\| = \sqrt{{\alpha_x}^2 + {\alpha_y}^2}$$ ……(**複素数のノルムの定義**)

である。

複素数のノルムは共役複素数を使えば簡単に計算できる。複素数「α」のノルムの2乗「$\|\alpha\|^2$」は、

複素数のノルムの定義：

$$\|\alpha\|^2 = \alpha^* \alpha$$

である。念のため式を展開しておくと、

$$\begin{aligned}\alpha^*\alpha &= (\alpha_x + \boldsymbol{i}\alpha_y)(\alpha_x - \boldsymbol{i}\alpha_y) \\ &= ({\alpha_x}^2 + {\alpha_y}^2) + \boldsymbol{i}(\alpha_x\alpha_y - \alpha_y\alpha_x) \quad \ldots \quad x, y \in \mathbb{R} \text{ なので } xy = yx \\ &= {\alpha_x}^2 + {\alpha_y}^2 \\ &= \|\alpha\|^2\end{aligned}$$

である。

実数のノルムは実数の絶対値である。つまり、

$$\|a\| = |a|; \quad a \in \mathbb{R}$$ ……(**実数のノルムの定義**)

である。

標準C++ライブラリでは、残念ながら「norm」という名前はノルムの2乗すなわち「$\|\alpha\|^2$」を意味するほうに使われている。複素数のノルムは、「abs」関数を使う。次のコードは、複素数「alpha」のノルムを実数「a」に代入する。

```
complex alpha(1, 2);
double a = std::abs(alpha);   ← a は alpha のノルム
```

複素数のノルムの幾何学的な意味は、図に表わせば一目瞭然である。**図1.7**は複素数「$\alpha = 1\alpha_x + \boldsymbol{i}\alpha_y$」とその成分「$\alpha_x, \alpha_y$」そしてノルム「$\|\alpha\|$」の関係を

表わしたものである。

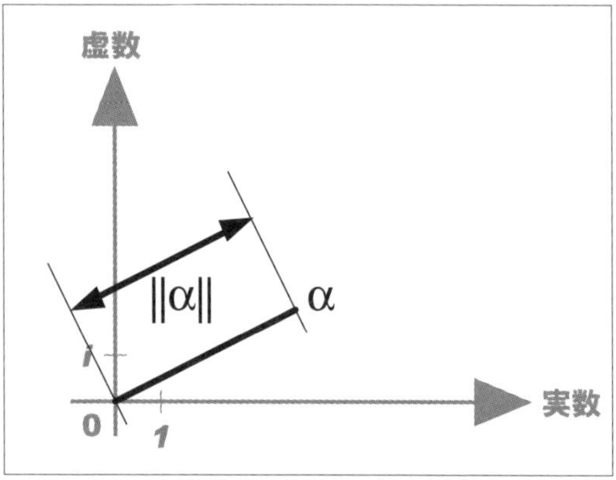

図 1.7 複素数のノルムの幾何学的解釈

1.2.8 複素数の積の逆元（逆数）

複素数「α」についても、実数と同じように**積に関する逆元**「α^{-1}」が存在する。複素数「α^{-1}」は「α」に掛かって「1」になる。すなわち、積の逆元の定義は、

$$\alpha^{-1}\alpha = 1; \quad \alpha \in \mathbb{C} \qquad \cdots\cdots\text{（積の逆元の定義）}$$

である。この条件を満たす「α^{-1}」は、

複素数の積の逆元の求め方：

$$\alpha^{-1} = \frac{\alpha^*}{||\alpha||^2}$$

と求まる。この「α^{-1}」を「$\alpha^{-1}\alpha$」に代入してみよう。

$$\begin{aligned}\alpha^{-1}\alpha &= \frac{\alpha^*}{||\alpha||^2} \cdot \alpha \\ &= \frac{\alpha^*\alpha}{||\alpha||^2} \\ &= \frac{||\alpha||^2}{||\alpha||^2} \\ &= 1\end{aligned}$$

であるから、たしかに「α^{-1}」は「α」の逆元になっている。複素数の積に関する

逆元も、実数の場合と同様に、**逆数**と呼ぶ。

次のコードは、複素数の逆数を返す関数の例である。

```
complex inverse(complex alpha)
```
complex 型引数**alpha** の逆数を返す
```
{
    double n = std::norm(alpha);
    return complex(alpha.real() / n, -alpha.imag() / n);
}
```

なお、実数「a」についての、

$$0a = a0 = 0; \quad a \in \mathbb{R}$$

という性質から、複素数「α」についても、

$$0\alpha = \alpha 0 = 0; \quad \alpha \in \mathbb{C}$$

である。

1.2.9 複素数の性質のまとめ

複素数は以下の特徴をもつ。

- 複素数同士の**足し算**ができ、その結果は複素数である
- 複素数「α」に対して「$0 + \alpha = \alpha$」となるような**和の単位元**があり、それは実数の「0」である。
- 複素数「α」に対して「$-\alpha + \alpha = 0$」となるような**和の逆元**「$-\alpha$」がある。
- 複素数同士の**掛け算**ができ、その結果は複素数である。
- 複素数「α」に対して「$1\alpha = \alpha 1 = \alpha$」となるような**積の単位元**があり、それは実数の「1」である・
- 複素数「α」に対して「$\alpha^{-1}\alpha = 1$」となるような**積の逆元**「α^{-1}」がある。
- 複素数「α」があるとき「$0\alpha = \alpha 0 = 0$」である。
- 結合側と分配則が成り立つ

すなわち、複素数は実数と同じインターフェイスを持つ。したがって、複素数は「数」である。

さらに、複素数ならではの演算として、

・複素数と共役複素数
・複素数のノルム

がある。これらは主に、複素数の積の逆元(複素数の逆数)を求めるのに用いられる。

1.3 クォータニオンの性質

複素数は2個の実数から出来た、2成分の数である。では、もう少し前へ進んで3成分の数を作ることはできないだろうか。

実は、**できない**のである。しかし、4成分の数なら作ることができる。**クォータニオン***は4成分の数のうちのひとつである。

＊四元数(しげんすう)ともいう。

4成分以上の数のことを総称して**超複素数**と呼ぶ場合がある。クォータニオンは超複素数の一種である。

複素数「α」が実数「α_x」と実数「α_y」から、虚数単位「$\boldsymbol{i}$」を使って、

$$\alpha = \alpha_x + \boldsymbol{i}\alpha_y$$

とできたように、クォータニオン「$\tilde{A}$」は4個の実数「A_w, A_x, A_y, A_z」から、イチ「1」と**クォータニオン単位**「$\boldsymbol{I}, \boldsymbol{J}, \boldsymbol{K}$」を使って、

クォータニオンの一般形：

$$\tilde{A} = A_w + \boldsymbol{I}A_x + \boldsymbol{J}A_y + \boldsymbol{K}A_z$$

と作る(Aの上のチルダ記号「~」は、Aがクォータニオンであることを忘れないようにするための目印である)。ただし、

$$\boldsymbol{i}^2 = -1$$

で虚数単位「$\boldsymbol{i}$」とイチ「1」が結びついていたように、クォータニオン単位「$\boldsymbol{I}, \boldsymbol{J}, \boldsymbol{K}$」についても、

$$IJK = I^2 = K^2 = J^2 = -1$$
$$IJ = -JI = K$$
$$JK = -KJ = I$$
$$KI = -IK = J$$

という規則がある。クォータニオン単位同士にこのような規則があるのは、クォータニオン同士の掛け算がまたクォータニオンになるように考えられたのである。

実数「A_w, A_x, A_y, A_z」はそれぞれクォータニオン「$\tilde{A}$」の**成分**と呼ばれる。特に実数「A_w」はクォータニオン「$\tilde{A}$」の**実数成分**と呼ばれ、実数「A_x, A_y, A_z」はクォータニオンの**虚数成分**と呼ばれる。

標準C++ライブラリにはクォータニオンを表わすクラスはないので、我々が作る必要がある。クォータニオンを表わすクラスに「Quaternion」という名前をつけたとすると、Quaternionクラスは数のインターフェイスを備えていればよいので、コンストラクタの他に、最低限、

- `Quaternion &Quaternion::operator += (const Quaternion &)`
  足し算代入
- `Quaternion &Quaternion::negative()`
  自分自身を**和の逆元**と置き換える
- `Quaternion &Quaternion::operator *= (const Quaternion &)`
  掛け算代入
- `Quaternion &Quaternion::inverse()`
  自分自身を**積の逆元**と置き換える

というメンバ関数(演算子)を揃えておけばよいことになる(もちろん、引き算代入や2項演算子もあったほうがよいが、他の演算子を定義することはどちらかといえば最適化の部類に入る)。

そこで、Quaternionクラスのインターフェイスは次のようなものになるだろう。

Quaternion クラス

```
class Quaternion {
private:
    double q[4];  ← w, x, y, z の各成分を配列で保持する
```

```
public:
      コンストラクタ
      Quaternion(double w, double x = 0, double y = 0,
double z = 0)
      {
          q[0] = w; q[1] = x; q[2] = y; q[3] = z;
      }
      アクセッサ(constバージョンと非constバージョンの2種類)
      double operator [] (int i) const
      {
          return q[i];
      }
      double &operator [] (int i)
      {
          return q[i];
      }
      足し算代入
      Quaternion &operator += (const Quaternion &);
      和の逆元(単項マイナス)
      Quaternion &negative();
      掛け算代入
      Quaternion &operator *= (const Quaternion &);
      積の逆元(逆クォータニオン)
      Quaternion &inverse();
};
```

次の例は、Quaternionクラスの使用例である。

```
void foo()
{
      Quaternion a(1, 2, 3, 4);    ← クォータニオンaを定義
          ...
}
```

クォータニオンは4成分からなるので、図示するには4次元空間が必要であり、紙の上に描くのはいささか困難であるが、無理に描けば**図1.8**のようになる。

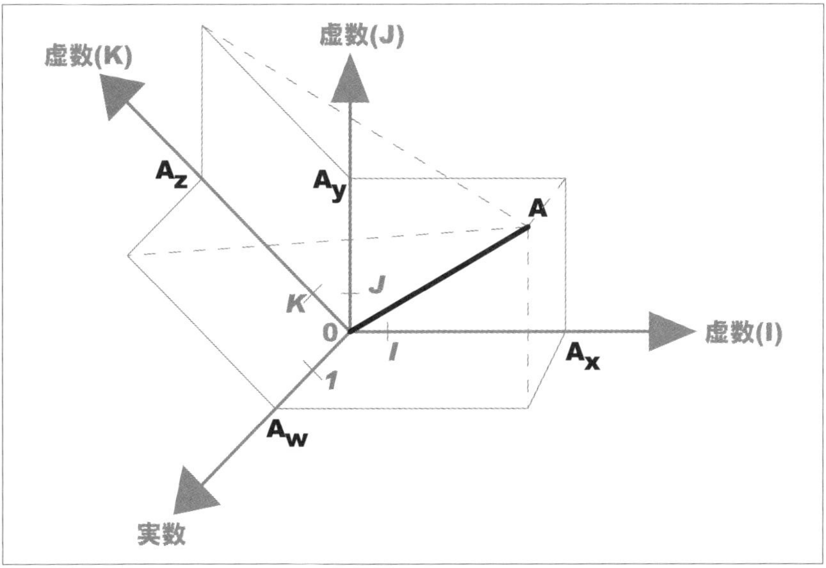

図 1.8 クォータニオンの幾何学的解釈

1.3.1 クォータニオンの和

いま、変数 $\tilde{A}$ がクォータニオンであることを、

$$\tilde{A} \in \mathbb{Q}$$

と表わそう。

クォータニオン同士の**足し算**の結果(**和**)は、クォータニオンである。つまり、

$$\tilde{A} = \tilde{B} + \tilde{C}; \quad \tilde{A}, \tilde{B}, \tilde{C} \in \mathbb{Q}$$ ……(足し算の性質)

である。いま、

$$\tilde{A} = A_w + \boldsymbol{I}A_x + \boldsymbol{J}A_y + \boldsymbol{K}A_z$$
$$\tilde{B} = B_w + \boldsymbol{I}B_x + \boldsymbol{J}B_y + \boldsymbol{K}B_z$$
$$\tilde{C} = C_w + \boldsymbol{I}C_x + \boldsymbol{J}C_y + \boldsymbol{K}C_z$$
$$A_w, A_x, A_y, A_z, B_w, B_x, B_y, B_z, C_w, C_x, C_y, C_z \in \mathbb{R}$$

としよう。すると、和「$\tilde{A} = \tilde{B} + \tilde{C}$」は、

$$
\begin{aligned}
\tilde{A} &= \tilde{B} + \tilde{C} \\
&= (B_w + \boldsymbol{I}B_x + \boldsymbol{J}B_y + \boldsymbol{K}B_z) + (C_w + \boldsymbol{I}C_x + \boldsymbol{J}C_y + \boldsymbol{K}C_z) \\
&= (B_w + C_w) + \boldsymbol{I}(B_x + C_x) + \boldsymbol{J}(B_y + C_y) + \boldsymbol{K}(B_z + C_z)
\end{aligned}
$$

である。クォータニオンの和「$\tilde{A}$」を成分ごとに書くと、

クォータニオンの和の求め方：$\tilde{A} = \tilde{B} + \tilde{C}$ のとき

$$
\begin{aligned}
A_w &= B_w + C_w \\
A_x &= B_x + C_x \\
A_y &= B_y + C_y \\
A_z &= B_z + C_z
\end{aligned}
$$

である。

C++言語によるQuaternionクラスの足し算代入演算子の実装は、次のようなものになるであろう。

```
Quaternion &Quaternion::operator += (const Quaternion &a)
 足し算代入
{
    for (int i = 0; i < 4; ++i) {
        q[i] += a[i];
    }
    return *this;
}
```

使用例を次にあげる。

```
void foo()
{
    Quaternion a(1, 2, 3, 4), b(5, 6, 7, 8);
    a += b;      ← クォータニオンの足し算代入
}
```

1.3.2 クォータニオンの和の単位元(ゼロ・クォータニオン)

クォータニオンに加えても変化しないクォータニオンを、**ゼロ・クォータニオン**と呼ぶ。ゼロ・クォータニオンを「$\tilde{0}$」と表わすと、

$$\tilde{0} + \tilde{A} = \tilde{A}; \quad \tilde{A} \in \mathbb{Q} \qquad \cdots\cdots(ゼロの定義)$$

であり、クォータニオンの足し算規則から、

$$\tilde{0} = 0$$

であって、数学的には実数のゼロ「0」と同じである。そこで、以下ゼロ・クォータニオンと実数のゼロは区別しないことにする。

C++言語用にゼロ・クォータニオンを定義すると以下のようになる。

```
const Quaternion QUAT_ZERO = Quaternion(0.0, 0.0, 0.0, 0.0);
```

ゼロ・クォータニオンの定義

1.3.3 クォータニオンの和の逆元(単項マイナス)

実数や複素数の場合と同様、あるクォータニオン「$\tilde{A}$」に関して、

$$-\tilde{A} + \tilde{A} = 0; \quad \tilde{A} \in \mathbb{Q} \qquad \cdots\cdots(和の逆元の定義)$$

となるようなクォータニオン「$-\tilde{A}$」をクォータニオン「$\tilde{A}$」の**和に関する逆元**と呼ぶ。クォータニオンの和に関する逆元は、元のクォータニオンの各成分の符号を入れ替えれば得られる。いま、

$$\tilde{A} = A_w + \boldsymbol{I}A_x + \boldsymbol{J}A_y + \boldsymbol{K}A_z; \quad A_w, A_x, A_y, A_z \in \mathbb{R}$$

であるとすると、

クォータニオンの和の逆元の求め方:

$$-\tilde{A} = -A_w - \boldsymbol{I}A_x - \boldsymbol{J}A_y - \boldsymbol{K}A_z$$

である。

C++言語によるQuaternionクラスのメンバ関数「negative」を実装すれば、次のようになるだろう。

```
Quaternion &Quaternion::negative()
和に関する逆元を自分自身に代入
{
    for (int i = 0; i < 4; ++i) {
        q[i] = -q[i];
    }
    return *this;
}
```

使用例をあげる。

```
void foo()
{
    Quaternion a(1, 2, 3, 4);
    a.negative();
}
```

1.3.4 クォータニオンの積（クォータニオン積）

クォータニオンはクォータニオン同士の**掛け算**ができ、その結果（**積**）もクォータニオンである。つまり、

$$\tilde{A} = \tilde{B}\tilde{C}; \quad \tilde{A}, \tilde{B}, \tilde{C} \in \mathbb{Q} \qquad \cdots\cdots \text{(掛け算の性質)}$$

である。クォータニオン同士の積は、特別に**クォータニオン積**と呼ぶ場合がある。いま、$\tilde{A}, \tilde{B}, \tilde{C}$ が、

$$\begin{aligned}
\tilde{A} &= A_w + \boldsymbol{I}A_x + \boldsymbol{J}A_y + \boldsymbol{K}A_z \\
\tilde{B} &= B_w + \boldsymbol{I}B_x + \boldsymbol{J}B_y + \boldsymbol{K}B_z \\
\tilde{C} &= C_w + \boldsymbol{I}C_x + \boldsymbol{J}C_y + \boldsymbol{K}C_z \\
&\qquad A_w, A_x, A_y, A_z, B_w, B_x, B_y, B_z, C_w, C_x, C_y, C_z \in \mathbb{R}
\end{aligned}$$

であるとしよう。すると、クォータニオン積 $\tilde{A} = \tilde{B}\tilde{C}$ は、

$$
\begin{aligned}
\tilde{A} &= \tilde{B}\tilde{C} \\
&= (B_w + \boldsymbol{I}B_x + \boldsymbol{J}B_y + \boldsymbol{K}B_z)(C_w + \boldsymbol{I}C_x + \boldsymbol{J}C_y + \boldsymbol{K}C_z) \\
&= B_wC_w + \boldsymbol{I}B_wC_x + \boldsymbol{J}B_wC_y + \boldsymbol{K}B_wC_z \\
&\quad + \boldsymbol{I}B_xC_w + \boldsymbol{I}^2B_xC_x + \boldsymbol{IJ}B_xC_y + \boldsymbol{IK}B_xC_z \\
&\quad + \boldsymbol{J}B_yC_w + \boldsymbol{JI}B_yC_x + \boldsymbol{J}^2B_yC_y + \boldsymbol{JK}B_yC_z \\
&\quad + \boldsymbol{K}B_zC_w + \boldsymbol{KI}B_zC_x + \boldsymbol{KJ}B_zC_y + \boldsymbol{K}^2B_zC_z \\
&= B_wC_w + \boldsymbol{I}B_wC_x + \boldsymbol{J}B_wC_y + \boldsymbol{K}B_wC_z \\
&\quad + \boldsymbol{I}B_xC_w - 1B_xC_x + \boldsymbol{K}B_xC_y - \boldsymbol{J}B_xC_z \\
&\quad + \boldsymbol{J}B_yC_w - \boldsymbol{K}B_yC_x - 1B_yC_y + \boldsymbol{I}B_yC_z \\
&\quad + \boldsymbol{K}B_zC_w - \boldsymbol{J}B_zC_x - \boldsymbol{I}B_zC_y - 1B_zC_z \\
&= (B_wC_w - B_xC_x - B_yC_y - B_zC_z) \\
&\quad + \boldsymbol{I}(B_wC_x + B_xC_w + B_yC_z - B_zC_y) \\
&\quad + \boldsymbol{J}(B_wC_y - B_xC_z + B_yC_w + B_zC_x) \\
&\quad + \boldsymbol{K}(B_wC_z + B_xC_y - B_yC_x + B_zC_w)
\end{aligned}
$$

であるから、

クォータニオンの積の求め方：$\tilde{A} = \tilde{B}\tilde{C}$ のとき

$$
\begin{aligned}
A_w &= B_wC_w - B_xC_x - B_yC_y - B_zC_z \\
A_x &= B_wC_x + B_xC_w + B_yC_z - B_zC_y \\
A_y &= B_wC_y - B_xC_z + B_yC_w + B_zC_x \\
A_z &= B_wC_z + B_xC_y - B_yC_x + B_zC_w
\end{aligned}
$$

と計算できる。

一般に2つのクォータニオン「 $\tilde{A}$ 」と「 $\tilde{B}$ 」の積「 $\tilde{A}\tilde{B}$ 」と「 $\tilde{B}\tilde{A}$ 」は一致しない。すなわち、

$$\tilde{A}\tilde{B} \neq \tilde{B}\tilde{A}; \quad \tilde{A}, \tilde{B} \in \mathbb{Q}$$

である。これを**クォータニオンは積に関して非可換**であるという。

C++言語によるQuaternionクラスの掛け算代入メンバ演算子の実装は、次のようなものになるだろう。

クォータニオンの掛け算は複雑で、一時オブジェクトの導入は避けられないため、まずグローバルな掛け算演算子を定義する。

```
Quaternion operator * (const Quaternion &a, const Quaternion &b)
   掛け算演算子
{
    Quaternion r(0, 0, 0, 0);      ← 一時オブジェクト
    r[0] = a[0] * b[0] -a[1] * b[1] -a[2] * b[2] -a[3] * b[3];
    r[1] = a[0] * b[1] + a[1] * b[0] + a[2] * b[3] -a[3] * b[2];
    r[2] = a[0] * b[2] -a[1] * b[3] + a[2] * b[0] + a[3] * b[1];
    r[3] = a[0] * b[3] + a[1] * b[2] -a[2] * b[1] + a[3] * b[0];
    return Quaternion(r);
}
```

Quaternionクラスの掛け算代入演算子は、グローバルの掛け算演算子を用いて、次のように定義できる。

```
Quaternion &Quaternion::operator *= (const Quaternion &a)
   掛け算代入
{
    return *this = *this * a;
}
```

使用例を挙げる。

```
void foo()
{
    Quaternion a(0, 0, 0, 0), b(1, 2, 3, 4), c(5, 6, 7, 8);
    a = b * c;
}
```

1.3.5 クォータニオンの積の単位元(アイデンティティ・クォータニオン)

クォータニオンに掛けても変化しないクォータニオンを、**アイデンティティ・クォータニオン**と呼ぶ。アイデンティティ・クォータニオンを「 $\tilde{1}$ 」で表わすと、

$$\tilde{1}\tilde{A} = \tilde{A}\tilde{1} = \tilde{A} \qquad \cdots\cdots \text{(イチの定義)}$$

であり、クォータニオンの掛け算規則から、

$$\tilde{1} = 1$$

であって、数学的には実数のイチ「1」と同じである。そこで、以下ではアイデンティティ・クォータニオンと実数の「イチ」を区別しないことにする。

C++言語用にアイデンティティ・クォータニオンを定義すると、以下のようになる。

```
const Quaternion QUAT_UNIT
    = Quaternion(1.0, 0.0, 0.0, 0.0);  ← アイデンティティ・クォータニオンの定義
```

1.3.6 共役クォータニオン

複素数と共役複素数の場合と同様、クォータニオンにも**共役クォータニオン**が定義されている。いまクォータニオン「 $\tilde{A}$ 」が、

$$\tilde{A} = A_w + \boldsymbol{I}A_x + \boldsymbol{J}A_y + \boldsymbol{K}A_z; \quad A_w, A_x, A_y, A_z \in \mathbb{R}$$

であるとすると、クォータニオン「 $\tilde{A}$ 」の共役クォータニオン「 $\tilde{A}^*$ 」は、

共役クォータニオンの定義:

$$\tilde{A}^* = A_w - \boldsymbol{I}A_x - \boldsymbol{J}A_y - \boldsymbol{K}A_z$$

と定義する。

Quaternionクラスの変数の共役クォータニオンを返す関数をC++言語で書けば、次のようになるであろう。

```
Quaternion conj(const Quaternion &a)
  クォータニオンaの共役クォータニオンを返す
{
    return Quaternion(a[0], -a[1], -a[2], -a[3]);
}
```

使用例をあげる。

```
void foo()
{
    Quaternion a(0, 0, 0, 0), b(1, 2, 3, 4);
    a = conj(b);
}
```

1.3.7 クォータニオンのノルム

複素数のノルムと同様に、**クォータニオンのノルム**を次のように定義しよう。

$$||\tilde{A}|| = \sqrt{{A_w}^2 + {A_x}^2 + {A_y}^2 + {A_z}^2}$$ ……(クォータニオンのノルムの定義)

ただし、

$$\tilde{A} = A_w + \boldsymbol{I}A_x + \boldsymbol{J}A_y + \boldsymbol{K}A_z; \quad A_w, A_x, A_y, A_z \in \mathbb{R}$$

であるとする。

クォータニオンのノルムは、大雑把に言って、クォータニオンの大きさを表わす量である。ノルムが「1」のクォータニオンのことを、**単位クォータニオン**と呼ぶ(「クォータニオン単位」と紛らわしいので、注意しよう)。

共役クォータニオンを使うと、クォータニオンのノルムの2乗「 $||\tilde{A}||^2$ 」は、次のように簡単に求めることができる。

クォータニオンのノルムの求め方：

$$||\tilde{A}||^2 = \tilde{A}^* \tilde{A}$$

Quaternionクラスの変数のノルムを求める関数は、complexクラスの例にならって2段階で実装しよう。

まず、クォータニオンのノルムの2乗を返す関数を(不本意ながら)「norm」という名前で実装する。

```
double norm(const Quaternion &a)
  [クォータニオンaのノルムの2乗を返す]
{
    return a[0] * a[0] + a[1] * a[1] + a[2] * a[2] + a[3] * a[3];
}
```

ついで、クォータニオンのノルムを返す関数「abs」を実装する。

```
double abs(const Quaternion &a)
  クォータニオンaのノルムを返す
{
    return std::sqrt(norm(a));
}
```

1.3.8 クォータニオンの積の逆元(逆クォータニオン)

クォータニオン「$\tilde{A}$」についても、実数や複素数と同様に**積の逆元**「$\tilde{A}^{-1}$」が存在する。クォータニオン「$\tilde{A}^{-1}$」は「$\tilde{A}$」に**左から**掛かって、単位クォータニオン(つまり実数のイチ)「1」になる。

すなわち、

$$\tilde{A}^{-1}\tilde{A} = 1; \quad \tilde{A} \in \mathbb{Q} \qquad \text{……(積の逆元の定義)}$$

である。この条件を満たすクォータニオン「$\tilde{A}^{-1}$」は複素数の場合とまったく同じ論法で、

クォータニオンの積の逆元の求め方:

$$\tilde{A}^{-1} = \frac{\tilde{A}^*}{||\tilde{A}||^2}$$

と導ける。クォータニオンの積に関する逆元は**逆クォータニオン**ともいう。

次のC++言語のコードは、自分自身を積の逆元に置き換えるQuaternionクラスのメンバ関数の例である。

```
Quaternion &Quaternion::inverse()
  自分自身を逆クォータニオンで置き換える
{
    double n = norm(*this);    ← nは自分自身のノルムの2乗
    q[0] /= n;    ← 実数成分はそのままnで割る
    for (int i = 1; i < 4; ++i) {
        q[i] /= -n;    ← 虚数成分はnで割り、符号を入れ替える
    }
    return *this;
}
```

使用例をあげる。

```
void foo()
{
    Quaternion a(1, 2, 3, 4);
    a.inverse();
}
```

なおゼロ・クォータニオン(または実数のゼロ)と任意のクォータニオンとの積はゼロクォータニオンである。つまり、

$$0\tilde{A} = \tilde{A}0 = 0; \quad \tilde{A} \in \mathbb{Q}$$

である。

1.3.9 クォータニオンの性質のまとめ

クォータニオンは以下の特徴をもつ。

- クォータニオン同士の**足し算**ができ、その結果はクォータニオンである。
- クォータニオン「 $\tilde{A}$ 」に対して「 $0 + \tilde{A} = \tilde{A}$ 」となるような**和の単位元**があり、それは実数の「0」である。
- クォータニオン「 $\tilde{A}$ 」に対して「 $-\tilde{A} + \tilde{A} = 0$ 」となるような**和の逆元**「 $-\tilde{A}$ 」がある。
- クォータニオン同士の**掛け算**ができ、その結果はクォータニオンである。
- クォータニオン「 $\tilde{A}$ 」に対して「 $1\tilde{A} = \tilde{A}1 = A$ 」となるような**積の単位元**があり、それは実数の「1」である。
- クォータニオン「 $\tilde{A}$ 」に対して「 $\tilde{A}^{-1}\tilde{A} = 1$ 」となるような**積の逆元**「 A^{-1} 」がある。
- クォータニオン「 $\tilde{A}$ 」があるとき「 $0\tilde{A} = \tilde{A}0 = 0$ 」である。
- 結合側と分配則が成り立つ。

すなわち、クォータニオンは実数、複素数と同じインターフェイスをもつ。したがって、クォータニオンは「数」である。

さらに、クォータニオンならではの演算として、

- クォータニオンと共役クォータニオン
- クォータニオンのノルム

がある。これらは主に、クォータニオンの積の逆元(逆クォータニオン)を求めるの

に用いられる。

この章のまとめ

● 「数」とは、

・和、和の単位元（ゼロ、零元、和の逆元（負元）

・積、積の単位元（イチ）、積の逆元

を備えたものである。**実数、複素数、クォータニオンは「数」である。**

● **複素数「 α 」の共役複素数**は「 α^* 」と書き、

$$\alpha^* = \alpha_x - \boldsymbol{i}\alpha_y$$

である。

クォータニオン「 $\tilde{A} = A_w + \boldsymbol{I}A_x + \boldsymbol{J}A_y + \boldsymbol{K}A_z$ 」の共役クォータニオンは「 $\tilde{A}^*$ 」と書き、

$$\tilde{A}^* = A_w - \boldsymbol{I}A_x - \boldsymbol{J}A_y - \boldsymbol{K}A_z$$

である。

● **複素数「 α 」のノルムは**「 $||\alpha||$ 」と書き、

$$||\alpha||^2 = \alpha^* \alpha$$

である。

クォータニオン「 $\tilde{A} = A_w + \boldsymbol{I}A_x + \boldsymbol{J}A_y + \boldsymbol{K}A_z$ 」**のノルムは**「 $||\tilde{A}||$ 」と書き、

$$||\tilde{A}||^2 = \tilde{A}^* \tilde{A}$$

である。

● **複素数「 α 」の逆数**は「 α^{-1} 」と書き、

$$\alpha^{-1} = \frac{\alpha^*}{||\alpha||^2}$$

である。

クォータニオン「$\tilde{A} = A_w + \boldsymbol{I}A_x + \boldsymbol{J}A_y + \boldsymbol{K}A_z$」の逆クォータニオンは「$A^{-1}$」と書き、

$$\tilde{A}^{-1} = \frac{\tilde{A}^*}{\|\tilde{A}\|^2}$$

である。

クォータニオンと3次元幾何

クォータニオンは4個の実数成分からなるので、幾何学的には4次元の空間中の1点を指す。これは、これまでのコンピュータ・グラフィックスの知識と相反するかもしれない。

実は、1個のクォータニオンは、1成分のスカラーと3成分のベクトルに分解でき、実数成分がスカラーに、虚数成分がベクトルに対応する。この性質を利用して、クォータニオンは、その虚数成分だけを用いて3次元空間の1点を指すのに用いることができる。

では、なぜ4成分のクォータニオンは1成分のスカラーと3成分のベクトルに分解できるのか。その答は、スピノール（本書**第7章**）にある。

第2章

行列――もうひとつの数

3次元コンピュータ・グラフィックスをプログラミングする上で、「行列」は避けて通ることのできない概念である。この章では、連立方程式の解を調べることで「行列」という概念に到達する。ついで、「行列」のもつさまざまな性質（インターフェイス）を調べることにする。

第6章で種明かしをするが、クォータニオンの正体は、ある特殊な行列である。であるから、行列の理解は大変重要である。

この章では、

- 連立線形方程式の解としての行列
- 行列の和と積
- 特殊な行列の種類

を見る。

2.1 連立線形方程式と行列

線形方程式（または**1次方程式**）とは、未知の変数「 x 」について、

$$ax + b = 0; \quad a, b \in \mathbb{R}$$

であることが分かっていますよという意味で、「 a, b 」が既知であれば未知の x の値はただちに求まり、

$$x = -a^{-1}b$$

である。さっそく「 $ax + b$ 」に「 $x = -a^{-1}b$ 」を代入してみよう。

$$\begin{aligned} ax + b &= a(-a^{-1}b) + b \\ &= -aa^{-1}b + b \quad \ldots \quad aa^{-1} = a^{-1}a = 1 \\ &= -b + b \\ &= 0 \end{aligned}$$

と、左辺を変形するだけで「 $ax + b = 0$ 」にたどり着けた（つまり、「 $x = -a^{-1}b$ 」は方程式「 $ax + b = 0$ 」の解であった）。

次に、線形方程式を2本組み合わせた、**連立線形方程式**を考えてみる。

$$\begin{cases} ax+by+c=0 \\ dx+ey+f=0 \end{cases} ; \quad a,b,c,d,e,f\in\mathbb{R}$$

このようにアルファベットを食いつぶすのは得策ではないので、添え字を使って上式を次のように書き直そう。特に未知変数「 x 」と「 y 」は、それぞれ「X_0」と「X_1」とする。

$$\begin{cases} A_{00}X_0+A_{01}X_1+B_0=0 \\ A_{10}X_0+A_{11}X_1+B_1=0 \end{cases} ; \quad A_{ij},B_k\in\mathbb{R}; i,j,k\in\{0,1\}$$

ここで2本の式を1本で書けるような、新しい記号$\begin{bmatrix}\ddots\end{bmatrix}$を使って、上式を次のように書き直す。

$$\begin{bmatrix} A_{00}X_0+A_{01}X_1+B_0 \\ A_{10}X_0+A_{11}X_1+B_1 \end{bmatrix} = \begin{bmatrix} 0 \\ 0 \end{bmatrix} \tag{2.1}$$

ただし、

$$\begin{bmatrix} p \\ q \end{bmatrix} = \begin{bmatrix} t \\ u \end{bmatrix} \Leftrightarrow \begin{cases} p=t \\ q=u \end{cases}$$ ……(行列のイコールの定義)

であると**約束する**。$\begin{bmatrix}\ddots\end{bmatrix}$のことを**行列**と呼ぶ。

$\begin{bmatrix}\ddots\end{bmatrix}$は縦長だろうが横長だろうが、正方形だろうが行列である。横にM個の数を並べ、縦にN個の数を並べた行列は「M行N列」または「$M\times N$の行列」と呼ぶ。

さて、**式(2.1)**から**足し算**を分離しよう。

$$\begin{bmatrix} A_{00}X_0+A_{01}X_1 \\ A_{10}X_0+A_{11}X_1 \end{bmatrix} + \begin{bmatrix} B_0 \\ B_1 \end{bmatrix} = \begin{bmatrix} 0 \\ 0 \end{bmatrix} \tag{2.2}$$

ただし、行列の足し算を、

$$\begin{bmatrix} p \\ q \end{bmatrix} + \begin{bmatrix} t \\ u \end{bmatrix} = \begin{bmatrix} p+t \\ q+u \end{bmatrix} \quad \cdots\cdots(\text{行列の足し算の定義})$$

であると約束する。

次に、**式(2.2)**の**掛け算**を分離しよう。

$$\begin{bmatrix} A_{00} & A_{01} \\ A_{10} & A_{11} \end{bmatrix} \begin{bmatrix} X_0 \\ X_1 \end{bmatrix} + \begin{bmatrix} B_0 \\ B_1 \end{bmatrix} = \begin{bmatrix} 0 \\ 0 \end{bmatrix} \tag{2.3}$$

ただし、行列の掛け算を、

$$\begin{bmatrix} p & r \\ q & s \end{bmatrix} \begin{bmatrix} t \\ u \end{bmatrix} = \begin{bmatrix} pt+ru \\ qt+su \end{bmatrix} \quad \cdots\cdots(\text{行列の掛け算の定義})$$

であると約束する。

ここで2×2の行列が出てきたので、ついでに2×2行列の足し算と掛け算も一緒に次のように定義しておこう。

$$\begin{bmatrix} p & r \\ q & s \end{bmatrix} + \begin{bmatrix} t & v \\ u & w \end{bmatrix} = \begin{bmatrix} p+t & r+v \\ q+u & s+w \end{bmatrix} \quad \cdots\cdots(\text{行列の足し算の定義})$$

$$\begin{bmatrix} p & r \\ q & s \end{bmatrix} \begin{bmatrix} t & v \\ u & w \end{bmatrix} = \begin{bmatrix} pt+ru & pv+rw \\ qt+su & qv+sw \end{bmatrix} \quad \cdots\cdots(\text{行列の掛け算の定義})$$

このように正方形の形をした行列を、**正方行列**と呼ぶ。

さて、本題に戻ろう。ここまでくると連立線形方程式**式(2.3)**は、

$$AX + B = \mathbf{0} \tag{2.4}$$

と簡単に書ける。ただし、

$$A = \begin{bmatrix} A_{00} & A_{01} \\ A_{10} & A_{11} \end{bmatrix}; \quad B = \begin{bmatrix} B_0 \\ B_1 \end{bmatrix}; \quad X = \begin{bmatrix} X_0 \\ X_1 \end{bmatrix}; \quad \mathbf{0} = \begin{bmatrix} 0 \\ 0 \end{bmatrix}$$

とおいた。

さて、方程式「 $ax + b = 0$ 」の解が、

$$x = -a^{-1}b$$

であったように、連立方程式「$AX + B = \mathbf{0}$」の解も、

$$X = -A^{-1}B$$

であったら嬉しいであろう。

我々はすでに、行列の足し算と掛け算を定義したから、必要なのは、行列における**和の逆元**（ $-A$ ）と**積の逆元**（ A^{-1} ）の求め方である。

実のところ、どのような行列にも積の逆元が存在するわけではない。積の逆元が存在する行列は特殊な行列で、このような行列を**正則行列**と呼ぶ。これは、連立方程式式（**2.4**）がいつも解をもつとは限らないのと同じ理屈である。

我々は「数」としての行列に興味があるので、これから、特殊な例外を除けば正則行列だけを扱う。

2.2 行列の性質

行列のうち、成分がすべて実数である正方行列を、**実正方行列**と呼ぶ。一般のN×Nの実正方行列「 A 」は、「$n = N - 1$」として、

$$A = \begin{bmatrix} A_{00} & A_{01} & A_{02} & \cdots & A_{0j} & \cdots & A_{0n} \\ A_{10} & A_{11} & A_{12} & \cdots & A_{1j} & \cdots & A_{1n} \\ A_{20} & A_{21} & A_{22} & \cdots & A_{2j} & \cdots & A_{2n} \\ \vdots & \vdots & \vdots & \ddots & & & \vdots \\ A_{i0} & A_{i1} & A_{i2} & & A_{ij} & & A_{in} \\ \vdots & \vdots & \vdots & & & \ddots & \vdots \\ A_{n0} & A_{n1} & A_{n2} & \cdots & A_{nj} & \cdots & A_{nn} \end{bmatrix}; \quad A_{ij} \in \mathbb{R}; i, j \in \{0, 1, 2, \ldots, n\}$$

という**成分**をもつ。また、上式を省略して、

$$A = \left[A_{ij}\right]; \quad A_{ij} \in \mathbb{R}; i, j \in \{0, 1, 2, \ldots, n\}$$

という書き方もする。さらに省略した書き方として、

$$A \in \mathrm{M}\ (\mathbb{R}, N)$$

という書き方をする場合もある。

ここに $\mathrm{M}\ (\mathbb{R}, N)$ は実数 $\mathbb{R}$ を成分にもつN×Nの行列というほどの意味である(1×1実行列 $\mathrm{M}\ (\mathbb{R}, 1)$ は実数 $\mathbb{R}$ と同じことである)。

行列 A の成分のうち、A_{ii} は特別に行列 A の**対角成分**と呼ぶ。対角成分以外が0であるような行列は**対角行列**と呼ぶ。対角行列は次のような形をしている。

$$\begin{bmatrix} A_{00} & 0 & \cdots \\ 0 & A_{11} & \cdots \\ \vdots & \vdots & \ddots \end{bmatrix}$$

……(**対角行列の一般形**)

正方行列「A」の成分が実数ではなく複素数であった場合も考えることができる。このとき、行列 A は**複素正方行列**と呼び、

$$A \in \mathrm{M}\ (\mathbb{C}, N)$$

と表わす。

$N \times N$正方行列には、**和**、**和の単位元**(ゼロ行列、零元)、**和の逆元**(単項マイナス、負元)、**積**、および**積の単位元**(単位行列)が定義できる。しかし、**積に関する逆元**(逆行列)はいつもあるとは限らない。

積に関する逆元がある正方行列は、**正則行列**である。したがって、正則行列は「数」としての性質をもつが、一般の正方行列は「数」としての性質をもたない。正則行列は「数」の仲間であり、一般の正方行列は「半分だけ」数である。

C++言語で行列クラスを実装してみよう。いま、T型(**double**かcomplex)を成分にもつ$N \times N$行列を、テンプレートを用いてMatrix<T, N>クラスとしてみよう。Matrixクラスのインターフェイスは、たとえば次のようなものになる。

```
template <typename T, int N>  ← Tはdoubleまたはcomplex
class Matrix  {
private:
    T m [N] [N] ;
public:
    Matrix (T a = 0)
```

```
    コンストラクタ(対角成分がaであるような対角行列を生成)
    {
        各成分に0 を代入
        for (int i = 0; i < N; ++i) {
            for (intj =0;j<N;++j) {
                m[i][j] = 0;
            }
        }
        対角成分に引数aを代入
        for (int k = 0; k < N; ++k) {
            m[k][k] = a;
        }
    }
    アクセッサ(読み出し用)
    T operator () (int i, int j) const
    {
        return m[i][j];
    }
    アクセッサ(書き込み用)
    Matrix &assign (T a, int i, int j)
    {
        m[i][j] = a;
        return *this;
    }
    Matrix &operator += (const Matrix &);
    足し算代入
    Matrix &negative ();
    和の逆元
    Matrix &operator *= (const Matrix &);
    掛け算代入
    ...
};
```

Matrixクラス・テンプレートの使用例をあげる。

```
void foo ()
{
    Matrix<double, 2> a (0) ;  ← 2x2の実正方行列を定義
    a.assign (1, 0, 0) ;  ← a[0,0]に1を代入
    // ...
}
```

2.2.1 行列の和

行列の和は各成分について和をとったものである。2×2行列同士の和は次のように定義できる。

$$\begin{bmatrix} A_{00} & A_{01} \\ A_{10} & A_{11} \end{bmatrix} + \begin{bmatrix} B_{00} & B_{01} \\ B_{10} & B_{11} \end{bmatrix} = \begin{bmatrix} A_{00}+B_{00} & A_{01}+B_{01} \\ A_{10}+B_{10} & A_{11}+B_{11} \end{bmatrix}$$

我々は、紙面を節約するために、上式を、

行列の和の定義：

$$\left[A_{ij}\right] + \left[B_{ij}\right] = \left[A_{ij} + B_{ij}\right]$$

というふうに書こう。こうしておけば、3×3行列でも一般の$N \times N$行列でも足し算が定義できる。なお、この定義から、

$A = B + C;\quad A,B,C \in \mathrm{M}\ (\mathbb{R},N)$ または $A,B,C \in \mathrm{M}\ (\mathbb{C},N)$ ……(足し算の性質)

が言える。

Matrixクラスの足し算代入演算子は、次のようなものになるだろう。

```
template <typename T, int N>
Matrix<T, N> &Matrix<T, N>::operator += (const Matrix &a)
{
    for (int i = 0; i < N; ++i) {
        for (int j = 0; j < N; ++j) {
            m [i] [j] += a.m [i] [j] ;
        }
```

```
    }
    return *this;
}
```

使用例をあげる。

```
void foo ()
{
    Matrix<double, 2> a (0) , b (1) ; ←― 2x2の実正方行列を定義
     a += b;          ←― Matrixの足し算代入
}
```

2.2.2 行列の和の単位元（ゼロ行列、零元）

ある正方行列「 A 」に加えても変化しないものが、行列版の**和の単位元**（零元）すなわちゼロ行列「 $\mathbf{0}$ 」である。**ゼロ行列**の性質とは、任意の正方行列「 A 」に対して、

$$\mathbf{0}+A=A; \quad A\in \mathrm{M}\ (\mathbb{R},N) \text{ または } A\in \mathrm{M}\ (\mathbb{C},N) \quad \cdots\cdots\text{（ゼロの定義）}$$

である（ここで、Nは、2とか3とかの任意の自然数である）。ゼロ行列の各成分はゼロ「0」である。つまり、

$$\mathbf{0}=\begin{bmatrix} 0 & 0 & \cdots \\ 0 & 0 & \cdots \\ \vdots & \vdots & \ddots \end{bmatrix}$$

である。上式は省略して、

ゼロ行列の中身：

$$\mathbf{0}_{ij}=0$$

と書く場合もある（数学の教科書ではゼロ行列をアルファベットの「O（オー）」で表わす場合もある）。

Matrixクラスのゼロ行列は、次のように定義できる。

```
Matrix<double, 2> MAT_REAL_2x2_ZERO = 0;←― ゼロ行列の定義
```

2.2.3 行列の和の逆元（単項マイナス、負元）

正方行列「 A 」があるとき、

$$-A+A=\mathbf{0}; \quad A \in \mathrm{M}\ (\mathbb{R},N) \text{ または } \quad A \in \mathrm{M}\ (\mathbb{C},N) \quad \cdots\cdots \text{(和の逆元の定義)}$$

なる行列「 $-A$ 」は行列「 A 」の**和に関する逆元**(負元)である。行列の和に関する逆元は、各成分の和の逆元をとればよい。すなわち、

$$-\begin{bmatrix} A_{00} & A_{01} & \cdots \\ A_{10} & A_{11} & \cdots \\ \vdots & \vdots & \ddots \end{bmatrix} = \begin{bmatrix} -A_{00} & -A_{01} & \cdots \\ -A_{10} & -A_{11} & \cdots \\ \vdots & \vdots & \ddots \end{bmatrix}$$

である。我々は上式を省略して、

行列の和の逆元の求め方：

$$-\left[A_{ij}\right]=\left[-A_{ij}\right]$$

と書く。

Matrixクラスで、自分自身を和の逆元と置き換えるようなメンバ関数「negative」を実装すれば、以下のようになるであろう。

```
template <typename T, int N>
Matrix<T, N> &Matrix<T, N>::negative ()
和の逆元
{
    for (int i = 0; i < N; ++i) {
        for (int j = 0; j < N; ++j) {
            m [i] [j]  = -m [i] [j] ;
        }
    }
    return *this;
}
```

使用例をあげる。

```
int foo ()
{
```

```
    Matrix<double, 2> a (1) ;
    a.negative () ;
}
```

2.2.4 行列の積（行列積）

$N \times N$正方行列同士は**掛け算**ができ、その結果(**積**)もまた$N \times N$正方行列である。$N \times N$正方行列 A と B があるとき、その積 AB は次のように定義される。いま、

$$A = \begin{bmatrix} A_{00} & A_{01} \\ A_{10} & A_{11} \end{bmatrix}; \quad B = \begin{bmatrix} B_{00} & B_{01} \\ B_{10} & B_{11} \end{bmatrix}$$

とすると、

$$\begin{aligned} AB &= \begin{bmatrix} A_{00} & A_{01} \\ A_{10} & A_{11} \end{bmatrix} \begin{bmatrix} B_{00} & B_{01} \\ B_{10} & B_{11} \end{bmatrix} \\ &= \begin{bmatrix} A_{00}B_{00} + A_{01}B_{10} & A_{00}B_{01} + A_{01}B_{11} \\ A_{10}B_{00} + A_{11}B_{10} & A_{10}B_{01} + A_{11}B_{11} \end{bmatrix} \end{aligned}$$ ……(行列の積の定義)

である。上式は$N \times N$行列では次のように一般化できる。

行列の積の定義：

$$\left[A_{ij}\right]\left[B_{ij}\right] = \left[\sum_{k=0}^{N-1} A_{ik}B_{kj}\right]$$

なお、この定義に従えば、

$A = BC; \quad A, B, C \in \mathrm{M}(\mathbb{R}, N)$ または $A, B, C \in \mathrm{M}(\mathbb{C}, N)$ ……(掛け算の性質)

が言える。行列の積は**行列積**と呼ぶ場合がある。

一般に、積 AB と積 BA は異なる、すなわち、

$AB \neq BA; \quad A, B \in \mathrm{M}(\mathbb{R}, N)$ または $A, B \in \mathrm{M}(\mathbb{C}, N)$

であることに注意しよう。このことを、行列は**積に関して非可換**であるという。

C++言語によるMatrixクラスの掛け算の実装にはいずれにせよ一時オブジェクトが必要になる。そこで、まずグローバルな2項演算子を定義する。

```
template <typename T, int N>
Matrix<T, N> operator * (const Matrix<T, N> &a,
    const Matrix<T, N> &b)
掛け算
{
    Matrix<T, N> r;          ← 一時オブジェクト
    for (int i = 0; i < N; ++i) {
        for (int j = 0; j < N; ++j) {
            for (intk =0;k<N;++k) {
                r.assign (a (i, k) * b (k, j) , i, j) ;
                                ↑ r[i,j]=a[i,k]*b[k,j]
            }
        }
    }
    return Matrix<T, N> (r) ;
}
```

ついで、Matrixクラスの掛け算代入演算子を定義しよう。

```
template <typename T, int N>
Matrix<T, N> &Matrix<T, N>::operator *= (const Matrix &a)
掛け算代入
{
    return *this = *this * a;
}
```

使用例をあげる。

```
int foo ()
{
    Matrix<double, 2> a (0) , b (1) , c (2) ;
    a = b * c;
}
```

行列は実数との積も定義されている。ある行列「 A 」とある実数「 a 」の積は、行列「 A 」の各成分が「 A_{ij} 」のとき、すなわち、

$$A = \left[A_{ij}\right]$$

のとき、

行列と実数の積の定義：

$$a\left[A_{ij}\right] = \left[A_{ij}\right]a = \left[aA_{ij}\right]; \quad a \in \mathbb{R}$$

である。この演算に対応するC++言語の演算子を実装するとすれば、たとえば、

```
template <typename T, int N>
Matrix<T, N> operator * (Matrix<T, N>, T) ;
```

を実装することになるが、(コードの最適化以外の理由では)上記の演算子は定義する必要はない。次に示す「単位行列」と「実数」との積(特別バージョンの積)が計算できれば充分である。我々のMatrixクラスのコンストラクタは単位行列と実数の積で自分自身を初期化できるので、特別バージョンの積さえ必要ない。

行列と複素数の積も同様に定義できるが、本書では扱わない。

さて、正方行列以外の積についても定義しておこう。$M \times N$行列と$m \times n$行列の積は、「$M = n$」の場合に限って存在し、答は$m \times N$行列になる。たとえば、

$$B = \begin{bmatrix} B_0 & B_1 \end{bmatrix}; \quad C = \begin{bmatrix} C_0 \\ C_1 \end{bmatrix}$$

という行列があったとして、行列の積、

$$A = BC$$

は、

$$A = \left[B_0 C_0 + B_1 C_1\right]$$

である(1×1行列なので、外側のカッコをとってしまってもよい)。一方、

$$B' = \begin{bmatrix} B'_0 \\ B'_1 \end{bmatrix}; \quad C' = \begin{bmatrix} C'_0 & C'_0 \end{bmatrix}$$

という行列があった場合、積、

$$A' = B'C'$$

は、

$$A' = \begin{bmatrix} B'_0 C'_0 & B'_0 C'_1 \\ B'_1 C'_0 & B'_1 C'_1 \end{bmatrix}$$

である。

2.2.5 行列の積の単位元（単位行列）

あらゆる$N \times N$正方行列「 A 」について、

$$\mathbf{1}A = A\mathbf{1} = A \qquad \cdots\cdots(\text{単位行列の定義})$$

であるような行列「 $\mathbf{1}$ 」を、**単位行列**と呼ぶ。

クォータニオンの積に関する単位元は「アイデンティティ・クォータニオン」であって、「単位クォータニオン」はノルムが「1」のクォータニオンであった。したがって、単位行列（英語ではidentity matrix）は本来「アイデンティティ行列」と呼ぶべきであるが、残念ながら歴史はそうならなかった。

行列の掛け算規則から、単位行列「 $\mathbf{1}$ 」は、

$$\mathbf{1} = \begin{bmatrix} 1 & 0 & \cdots \\ 0 & 1 & \cdots \\ \vdots & \vdots & \ddots \end{bmatrix}$$

と定義される。上式は、

単位行列の中身：

$$\mathbf{1}_{ij} = \begin{cases} 1 & \text{もし} i = j \text{のとき} \\ 0 & \text{それ以外} \end{cases}$$

とも書ける（数学の教科書では、単位行列を、アルファベットの「E」またはアルファベットの「I」で表わす。また、アルファベットの「U」で表わす場合もある）。

単位行列と実数との積は極めて単純である。いま「 a 」が実数とすると、

$$\mathbf{1}a = \begin{bmatrix} 1 & 0 \\ 0 & 1 \end{bmatrix} a = \begin{bmatrix} a & 0 \\ 0 & a \end{bmatrix}$$

である(2×2行列の場合)。一般の正方行列と実数との積は、

$$aA = (\mathbf{1}a)A = \begin{bmatrix} a & 0 \\ 0 & a \end{bmatrix} \begin{bmatrix} A_{00} & A_{01} \\ A_{10} & A_{11} \end{bmatrix}$$

と展開できるから、「一般の行列の積」と「実数と単位行列との積」(特別バージョンの積)の2つに分解できる。

我々のMatrixクラスの1引数コンストラクタ、

```
Matrix<T, N>::Matrix(T a);
```

は、対角成分がすべて「a」であるような対角行列、

$$\begin{bmatrix} a & 0 & \dots \\ 0 & a & \dots \\ \vdots & \vdots & \ddots \end{bmatrix}$$

を生成するため、普段は特別バージョンの積さえ必要ない。

ところで、実数「 a 」は、

$$1a$$

を省略したものであった。そこで、もし$N \times N$行列が含まれる式の中で実数「 a 」が単独で登場した場合は、

$$\mathbf{1}a$$

の省略だと思うことにする。たとえば、

$$A = 3 + B; \quad B = \begin{bmatrix} 1 & 2 \\ 3 & 4 \end{bmatrix}$$

のような式に出会ったら、

$$\begin{aligned} A &= 3 + B \\ &= \mathbf{1} \cdot 3 + B \\ &= \begin{bmatrix} 1 & 0 \\ 0 & 1 \end{bmatrix} 3 + B \\ &= \begin{bmatrix} 3 & 0 \\ 0 & 3 \end{bmatrix} + \begin{bmatrix} 1 & 2 \\ 3 & 4 \end{bmatrix} \\ &= \begin{bmatrix} 4 & 2 \\ 3 & 7 \end{bmatrix} \end{aligned}$$

と解釈するのである。この表記法はイジワルに見えるが、クォータニオンを扱う上では大変便利な方法なのである。

Matrixクラスによる単位行列の定義の例を次に示す。

```
Matrix<double, 2> MAT_REAL_2x2_UNIT = 1;
```
← 単位行列の定義

2.2.6 転置と反対称行列

複素数やクォータニオンに共役があったように、行列には**転置**（transpose）という操作がある。

ある$N \times N$実正方行列「A」を転置した行列を「A の**転置行列**」と呼び「A^t」で表わす。

いま行列「A」が、

$$A = \begin{bmatrix} A_{00} & A_{01} & \cdots \\ A_{10} & A_{11} & \cdots \\ \vdots & \vdots & \ddots \end{bmatrix}$$

であるとすると、その転置行列「A^{t}」は、

$$A^{\mathrm{t}} = \begin{bmatrix} A_{00} & A_{10} & \cdots \\ A_{01} & A_{11} & \cdots \\ \vdots & \vdots & \ddots \end{bmatrix}$$ ……（転置行列の定義）

である。すなわち、転置行列とは元の行列の行と列を入れ替えたものである。そこで我々は次のように書こう。

転置行列の定義：

$$\left[A_{ij}\right]^{\mathrm{t}} = \left[A_{ji}\right]$$

これで任意の大きさの正方行列の転置が計算できる。

反対称行列とは、実正方行列で、

$$A^{\mathrm{t}} + A = \mathbf{0}; \quad A \in \mathrm{M}\left(\mathbb{R}, N\right)$$ ……（反対称行列の定義）

であるような行列「A」のことである（反対称行列は**歪対称行列**とか**交代行列**と呼ばれることもある）。

反対称行列はこれから見ていく「ベクトルの回転」で極めて重要な役割を演じることになる。

反対称行列のほかに、「反」のつかない**対称行列**もある。対称行列とは、

$$A^{\mathrm{t}} - A = \mathbf{0}; \quad A \in \mathrm{M}\left(\mathbb{R}, N\right)$$ ……（対称行列の定義）

であるような実正方行列「A」のことである。

行列の転置は、次のように実装できる。

```
#include <algorithm>    ← std::swapを使用
template <typename T, int N>
Matrix<T, N> &Matrix<T, N>::trans ()
{
    for (int i = 0; i < N; ++i)  {
        for (int j = i + 1;j<N; ++j) ← 右上三角形だけ交換
            std::swap (m [i] [j] , m [j] [i]) ;
```

```
        }
    }
    return *this;
}
```

使用例をあげる。

```
void foo ()
{
    Matrix<double, 2> a;
    a.assign (1, 0, 0) ;
    a.assign (2, 0, 1) ;
    a.assign (3, 1, 0) ;
    a.assign (4, 1, 1) ;
    a.trans () ;          ← aを転置
}
```

2.2.7 共役転置と反エルミート行列

複素正方行列には、転置と同時に行列の各成分を共役複素数に置き換える、**共役転置**という操作がある。「共役転置」は、「エルミート共役」とか「エルミート転置」と呼ばれることもある。

行列「 A 」を共役転置した行列を**共役転置行列**と呼び、「 $A^\dagger$ 」で表わす。いま行列「 A 」が、

$$A = \begin{bmatrix} A_{00} & A_{01} & \cdots \\ A_{10} & A_{11} & \cdots \\ \vdots & \vdots & \ddots \end{bmatrix}$$

であるとすると、その共役転置行列「 $A^\dagger$ 」は、

$$A^\dagger = \begin{bmatrix} A^*_{00} & A^*_{10} & \cdots \\ A^*_{01} & A^*_{11} & \cdots \\ \vdots & \vdots & \ddots \end{bmatrix}$$ ……(共役転置行列の定義)

である。

上式を転置行列の例にならって、

共役転置行列の定義：

$$\left[A_{ij}\right]^{\dagger} = \left[A_{ji}^{*}\right]$$

としよう。これで任意の大きさの正方行列の共役転置が計算できる。

反エルミート行列とは複素正方行列で、

$$A^{\dagger} + A = \mathbf{0}; \quad A \in \mathrm{M}\left(\mathbb{C}, N\right) \quad \cdots\cdots(\text{反エルミート行列の定義})$$

であるような行列 A のことである(反エルミート行列は**歪エルミート行列**と呼ばれることもある)。

反エルミート行列とクォータニオンは極めて密接な関係にある。反エルミート行列のほかに、「反」のつかない**エルミート行列**もある。エルミート行列とは、

$$A^{\dagger} - A = \mathbf{0}; \quad A \in \mathrm{M}\left(\mathbb{C}, N\right) \quad \cdots\cdots(\text{エルミート行列の定義})$$

であるような複素正方行列「A」のことである。

行列の共役転置は、次のように実装できる。

```
template <typename T, int N>
Matrix<T, N> &Matrix<T, N>::conj ()
{
    trans () ;    ← まず転置する
    for  (int i = 0; i < N; ++i)   {
        for  (int j = 0; j < N; ++j)   {
        m [i] [j]  = std::conj (m [i] [j]);  ← T std::conj(T)を呼び出す
        }
    }
    return *this;
}
```

使用例をあげる。

```
void foo ()
{
    Matrix<complex, 2> a = complex (0) ;
    a (0, 0)  = complex (1, 2) ;
```

```
    a (0, 1) = complex (3, 4) ;
    a (1, 0) = complex (5, 6) ;
    a (1, 1) = complex (7, 8) ;
    a.conj () ; ←  aを共役転置
}
```

2.2.8 行列式

正方行列に関するもうひとつの重要な操作は、**行列式**(determinant)である。実正方行列の行列式は実数値であり、複素正方行列の行列式は一般に複素数である。

行列「 A 」の行列式は「 $\det A$ 」と表わす。実正方行列「 A 」が積に関する逆元(逆行列)をもつかどうかは行列式「$\det A$ 」を調べれば分かる。もし「$\det A = 0$ 」ならば、行列「 A 」は逆行列をもたない。言い換えると、行列式「$\det A$」は連立方程式**式(2.4)**が解をもつか否かを"判別する"(determine)役割をはたしている。

実正方行列の行列式はどのように求めたらよいのだろうか。実は2×2実行列と3×3実行列の行列式はそれぞれ簡単な求め方がある。しかし、残念ながら一般の$N \times N$実行列に関しては簡単な行列式の求め方はない。

行列 A が2×2実行列

$$A = \begin{bmatrix} A_{00} & A_{01} \\ A_{10} & A_{11} \end{bmatrix}$$

である場合、その行列式「 $\det A$ 」は、

2×2行列の行列式の求め方：

$$\det A = A_{00}A_{11} - A_{01}A_{10}$$

である。

行列 A が3×3実行列

$$A = \begin{bmatrix} A_{00} & A_{01} & A_{02} \\ A_{10} & A_{11} & A_{12} \\ A_{20} & A_{21} & A_{22} \end{bmatrix}$$

である場合、その行列式「 $\det A$ 」は、

3×3行列の行列式の求め方：

$$\det A = A_{00}A_{11}A_{22} + A_{01}A_{12}A_{20} + A_{02}A_{10}A_{21} - A_{00}A_{12}A_{21} - A_{01}A_{10}A_{22} - A_{02}A_{11}A_{20}$$

である。

Matrixクラスの行列式を計算する関数は、次のようになるであろう。ここでは2×2行列のための特別バージョンだけを定義してみる。

```
template <typename T>  ←テンプレートの特別バージョンを定義
T det (const Matrix<T, 2> &a)
{
    return a (0, 0)  * a (1, 1)  -a (0, 1)  * a (1, 0) ;
}
```

使用例をあげる。

```
void foo ()
{
    Matrix<double, 2> a;
    a.assign (1, 0, 0) ;
    a.assign (2, 0, 1) ;
    a.assign (3, 1, 0) ;
    a.assign (4, 1, 1) ;
    double det_a = det (a) ;  ←a_detはaの行列式
}
```

2.2.9 積の逆元（逆行列）

正方行列「A」について、実数や複素数と同様に**積の逆元**（**逆行列**）「A^{-1}」が定義できる。行列「A^{-1}」は A に掛かって単位行列（イチ）「1」になる。すなわち、

$$A^{-1}A = \mathbf{1} \quad \cdots\cdots（積の逆元の定義）$$

である。

逆行列はいつも存在するわけではない。逆行列が存在する行列を、**正則行列**と呼ぶ。正則行列の行列式は非ゼロである。

逆行列を簡単に求める方法はない。次に、特定の場合の逆行列の求め方を示す。

2×2行列の場合：

$$A^{-1} = \frac{1}{\det A}\begin{bmatrix} A_{11} & -A_{01} \\ -A_{10} & A_{00} \end{bmatrix}$$

3×3行列の場合：

$$A^{-1} = \frac{1}{\det A}\begin{bmatrix} \det\begin{bmatrix} A_{11} & A_{12} \\ A_{21} & A_{22} \end{bmatrix} & \det\begin{bmatrix} A_{02} & A_{01} \\ A_{22} & A_{21} \end{bmatrix} & \det\begin{bmatrix} A_{01} & A_{02} \\ A_{11} & A_{12} \end{bmatrix} \\ \det\begin{bmatrix} A_{12} & A_{10} \\ A_{22} & A_{20} \end{bmatrix} & \det\begin{bmatrix} A_{00} & A_{02} \\ A_{20} & A_{22} \end{bmatrix} & \det\begin{bmatrix} A_{02} & A_{00} \\ A_{12} & A_{10} \end{bmatrix} \\ \det\begin{bmatrix} A_{10} & A_{11} \\ A_{20} & A_{21} \end{bmatrix} & \det\begin{bmatrix} A_{01} & A_{00} \\ A_{21} & A_{20} \end{bmatrix} & \det\begin{bmatrix} A_{00} & A_{01} \\ A_{10} & A_{11} \end{bmatrix} \end{bmatrix}$$

一般の逆行列の求め方は単純ではないので、Matrixクラスに積の逆元を求めるメンバ関数（Quaternionクラスのinverseメンバ関数に相当するメンバ関数）は実装しないことにする。

ただし、世の中には逆行列が簡単に求まる行列もある。その代表例が**直交行列**と**ユニタリ行列**である。直行行列とは、実正方行列で、

$$A^{\mathrm{t}}A = \mathbf{1} \qquad \text{……（直交行列の定義）}$$

という性質をもった行列のことである。ユニタリ行列とは、複素正方行列で、

$$A^{\dagger}A = \mathbf{1} \qquad \text{……（ユニタリ行列の定義）}$$

という性質をもった行列のことである。

直交行列とユニタリ行列は、今後出てくるベクトルの回転でたびたび顔を出すことになる。

2.3 直交行列とユニタリ行列

「直交行列」とは、実行列で、

$$A^{t}A = \mathbf{1}$$

という性質をもった行列であった。

「ユニタリ行列」とは、複素行列で、

$$A^{\dagger}A = \mathbf{1}$$

という性質をもった行列であった（直交行列はユニタリ行列の特殊な場合である）。

したがって、直交行列、ユニタリ行列はそれぞれ積の逆元が常に存在することになり、この意味において直交行列、ユニタリ行列は「数」である。
（もちろん、直交行列やユニタリ行列でなくても正則行列は「数」としての性質をもつ。直交行列やユニタリ行列が特徴的なのは、逆行列が簡単に求まることである）。

ところで、行列「 A 」が直交行列とすると、

$$\left|\det A\right| = 1$$

である。もし、直交行列「 A 」について、

$$\det A = 1$$

であったとき、行列「 A 」を**特殊直交行列**と呼ぶ。これから見る「回転行列」は、(2次元でも3次元でも) 特殊直交行列である。

特殊直交行列と同様、ユニタリ行列「 A 」について、

$$\det A = 1$$

が成り立つとき、行列 A は**特殊ユニタリ行列**である。特殊ユニタリ行列は、クォータニオンによる回転に登場する。

この章のまとめ

● 連立線形方程式、

$$\begin{cases} A_{00}X_0 + A_{01}X_1 + B_0 = 0 \\ A_{10}X_0 + A_{11}X_1 + B_1 = 0 \end{cases} ; \quad A_{ij}, B_k \in \mathbb{R}; i, j, k \in \{0, 1\}$$

は、

$$A = \begin{bmatrix} A_{00} & A_{01} \\ A_{10} & A_{11} \end{bmatrix}; \quad B = \begin{bmatrix} B_0 \\ B_1 \end{bmatrix}; \quad X = \begin{bmatrix} X_0 \\ X_1 \end{bmatrix}; \quad \mathbf{0} = \begin{bmatrix} 0 \\ 0 \end{bmatrix}$$

とすると、

$$AX + B = \mathbf{0}$$

の形になり、その解は、

$$X = -A^{-1}B$$

である。

● 行列の和

$$[A_{ij}] + [B_{ij}] = [A_{ij} + B_{ij}]$$

● 行列の和の単位元（ゼロ行列）

$$\mathbf{0}_{ij} = 0$$

● 行列の和の逆元

$$-[A_{ij}] = [-A_{ij}]$$

● 行列の積

$$[A_{ij}]\,[B_{ij}] = \left[\sum_k A_{ik}B_{kj}\right]$$

● 行列の実数倍

$$a\left[A_{ij}\right] = \left[aA_{ij}\right]; \quad a \in \mathbb{R}$$

● 行列の積の単位元（単位行列）

$$\mathbf{1}_{ij} = \begin{cases} 1 & \text{もし}\, i = j \,\text{のとき} \\ 0 & \text{それ以外} \end{cases}$$

● 転置行列

$$\left[A_{ij}\right]^{\mathrm{t}} = \left[A_{ji}\right]$$

● 共役転置行列

$$\left[A_{ij}\right]^{\dagger} = \left[A_{ji}^{*}\right]$$

● 反対称行列の性質

$$A^{\mathrm{t}} + A = \mathbf{0}; \quad A \in (\text{反対称行列})$$

● 反エルミート行列の性質

$$A^{\dagger} + A = \mathbf{0}; \quad A \in (\text{反エルミート行列})$$

● 直交行列の積の逆元

$$A^{-1} = A^{\mathrm{t}}; \quad A \in (\text{直交行列})$$

● ユニタリ行列の積の逆元

$$A^{-1} = A^{\dagger}; \quad A \in (\text{ユニタリ行列})$$

C++言語と行列

標準C++ライブラリは、行列を表わすクラスを提供していない。その理由は、汎用的な行列クラスというものが不要であるばかりか、最適化の妨げになる場合すらあるという経験則に基づくものであろう。

一般の数値計算で、行列クラスが本当に必要になることはめったにない。1次元配列と、いくつかの補助的なクラスがあれば充分である。

行列演算のうち、数値計算を除く行列操作は、行の抜き出し、列の抜き出し、部分行列の抜き出し（これらの操作をまとめて「スライシング」と呼ぶ）がほとんどである。

標準C++ライブラリは、1次元配列クラスとしてvalarrayクラス・テンプレートを提供し、スライシング用にsliceとgsliceクラスを用意している。ほとんどの行列演算は、valarrayとslice/gsliceで事足りる。

第 3 章

行列による２次元の回転と内積

第3章 行列による2次元の回転と内積

コンピュータ・グラフィックスといえば、3次元のグラフィックスが主流であろう。しかし、3次元の幾何は2次元の幾何に比べると数段難しい。その難しさのほとんどは、「回転」に由来する。2次元の回転は原点まわりの1種類しかないのに、3次元の回転は各軸まわりの3種類あるからである。

そこで、まず2次元の回転を調べることで、回転にとって重要な概念である、「ベクトル」と「内積」を学習することにする。

この章では、

- ・ベクトルの線形和
- ・ベクトルの内積
- ・ベクトルの回転

について調べる。

3.1 2次元ベクトル

これから「ベクトル」という概念を導入する。これまで見てきた「実数」「複素数」「クォータニオン」「行列」という量が「代数的に」積み上げられていったのに対し、「ベクトル」という量は主に幾何学や物理学からの要求で積み上げられた概念である。

3.1.1 スカラーとベクトルのイメージ

ある物理量を計る(計量する)とは、モノサシと比較するということである。たとえばあるリンゴの(最大の)直径は、そのリンゴに固有な量であるから、同じモノサシを使っている限り宇宙のどこで計っても同じであろう。このような量を**スカラー**と呼ぶ。モノサシは**座標系**と呼ばれる。

次に**図3.1**のように、あるリンゴをある場所Aから場所Bに運ぶことを考えよう。場所Aから場所Bへはコンパス(方位磁針)を使って「北へ○○[km]、東へ××[km]」と指定することができるはずである。

ところがある日、**図3.2**のように地球の磁極が逆転して北極がN極、南極がS極になったと仮定しよう(太陽は方位磁針計の「西」から昇ることになる)。

そうすると、場所Aから場所Bへの行き方は「南へ○○[km]、西へ××[km]」と変わってしまう。変わってしまうが、変わり方は分かるはずである(北と南、東と西を入れ替えればよい)。

このように、東西南北を回転させたら変わってしまうが、変わり方が一義に決まる量を、**ベクトル**と呼ぶ。

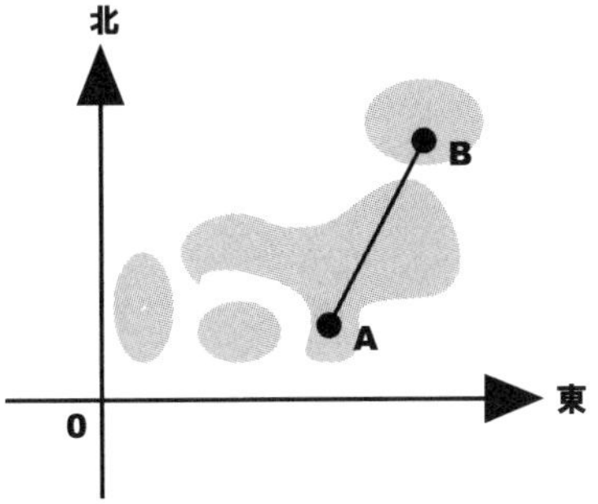

図3.1 座標系

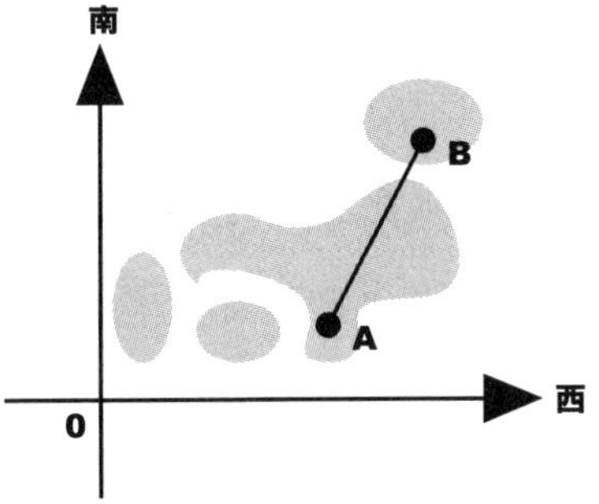

図3.2 磁極が反転した座標系

いま場所Aから場所Bへ向かうベクトルを「 $\boldsymbol{a}$ 」と書き表わすとしよう。ベクトル「 $\boldsymbol{a}$ 」は「北へ○○[km]、東へ××[km]」であったから、たまたま行列風に次のように書ける。

$$\boldsymbol{a} = \begin{pmatrix} a_{北} \\ a_{東} \end{pmatrix}; \quad a_\mu \in \mathbb{R}; \boldsymbol{\mu} \in \{ 北, 東 \}$$

しかし、ここで本質を見失ってはならない。大切なのは左辺の「 $\boldsymbol{a}$ 」なのであって、右辺は座標系のとり方によって変化してしまう、どちらかといえば、つまらない量である。

3.1.2　ベクトルの意味

もう少し生真面目にベクトルを捕らえてみよう。

2次元空間（平面）を考える。この平面上に点「 $\boldsymbol{p}$ 」があるとしよう。点「 $\boldsymbol{p}$ 」は**図3.3**のように座標系を使って「点 $\boldsymbol{p}$ は位置 (p_x, p_y) にありますよ」と言える。このことを、我々は、

$$\boldsymbol{p} = \begin{pmatrix} p_x \\ p_y \end{pmatrix}$$

と書くことにしよう。実数「 p_x 」と実数「 p_y 」は、それぞれベクトル $\boldsymbol{p}$ の、「x成分」「y成分」と呼ぶ。量「 $\boldsymbol{p}$ 」は位置を表わすので**位置ベクトル**と呼ぶ。

いまはまだ何が「ベクトル」で何が「ベクトルでない」のかはっきりしないが、徐々にはっきりさせる。

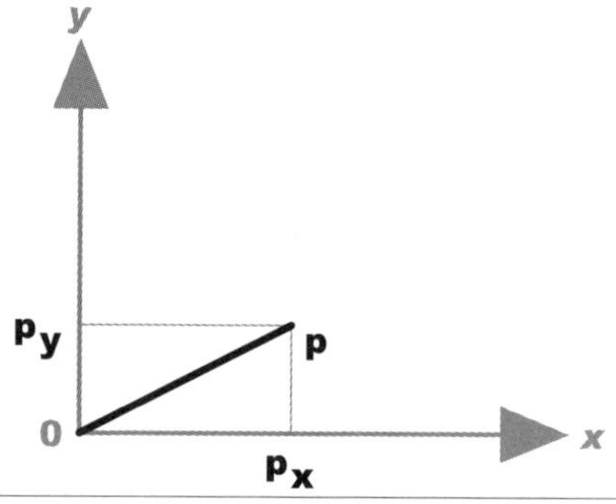

図3.3　位置ベクトル

ベクトルは**足し算**ができる。というのは、**図3.4**のように、ベクトルの合成ができるからである。ベクトルとベクトルの**和**はまたベクトルである。ベクトルとベクトルの和は、各成分の和である。すなわち、

ベクトルの和：

$$\boldsymbol{p}+\boldsymbol{q}=\begin{pmatrix}p_x\\p_y\end{pmatrix}+\begin{pmatrix}q_x\\q_y\end{pmatrix}$$
$$=\begin{pmatrix}p_x+q_x\\p_y+q_y\end{pmatrix}$$

である。

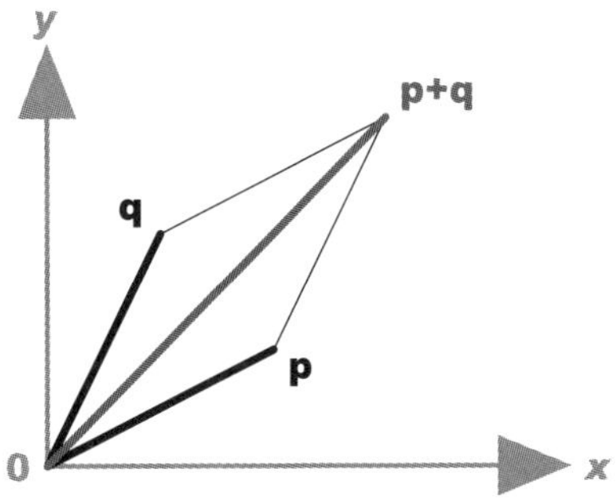

図3.4　ベクトルとベクトルの和（合成）

ベクトルの和を考えたので、**和の単位元**（ゼロ・ベクトル）と、**和の逆元**（逆ベクトル）も考えてみよう。ゼロ・ベクトルを「0」で表わすと、

$$0+\boldsymbol{p}=\boldsymbol{p}$$ ……（ゼロの定義）

である。

ベクトルの和の逆元（「逆ベクトル」ともいう）は、

$$-\boldsymbol{p}+\boldsymbol{p}=0$$ ……（和の逆元の定義）

であるから、

ベクトルの和の逆元の求め方：

$$
\begin{aligned}
-\boldsymbol{p} &= -\begin{pmatrix} p_x \\ p_y \end{pmatrix} \\
&= \begin{pmatrix} -p_x \\ -p_y \end{pmatrix}
\end{aligned}
$$

である。

ゼロ・ベクトルとは元のベクトルに足しても何も変化をもたらさないから、幾何学的には「その場にとどまっている」という意味である。

ベクトルの和の逆元は、幾何学的には、元のベクトルの向きだけ逆方向にしたものである。

ベクトルは**実数倍**ができる。というのは**図3.5**のように、ベクトルを拡大したり縮小したりできるからである。ベクトルの実数倍の結果は、またベクトルである。ベクトルの実数倍は、各成分を実数倍すれば得られる。すなわち、

ベクトルの実数倍：

$$
\begin{aligned}
a\boldsymbol{p} &= a\begin{pmatrix} p_x \\ p_y \end{pmatrix} \\
&= \begin{pmatrix} ap_x \\ ap_y \end{pmatrix}
\end{aligned}
$$

である。

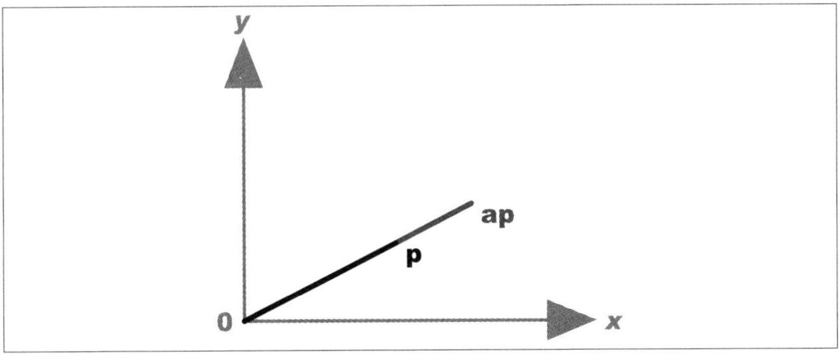

図3.5　ベクトルの実数倍

ベクトルの実数倍と和を組み合わせたものを、ベクトルの**線形和**と呼ぶ。たとえば、

$$\boldsymbol{r} = 2\boldsymbol{p} + 3\boldsymbol{q}$$

であるようなとき、

「ベクトル $\boldsymbol{r}$ はベクトル $\boldsymbol{p}$ とベクトル $\boldsymbol{q}$ の線形和である」

と表現する。

図3.6に示すとおり、ベクトルには**長さ**がある。ベクトルの長さを「**ベクトルのノルム**」と呼ぶ。ベクトル「 $\boldsymbol{p}$ 」のノルムは、「 $\|\boldsymbol{p}\|$ 」と表わす。ピタゴラスの定理より、

ベクトルのノルムの定義：

$$\|\boldsymbol{p}\|^2 = {p_x}^2 + {p_y}^2$$

である。ベクトルのノルム（長さ）はスカラーである。ノルムが「1」のベクトルは、特別に、「**単位ベクトル**」と呼ぶ。

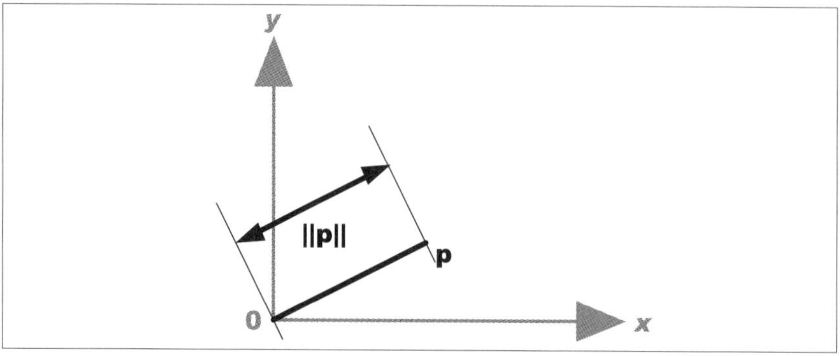

図3.6 ベクトルのノルム(長さ)

3.1.3 スカラーの意味

ベクトルの意味に比べると、スカラーの意味はつかみづらい。ベクトルの場合、ベクトルを特徴付ける性質(ベクトルの和、ベクトルの実数倍など)がいくつかあるが、スカラーを特徴付ける性質は、それが1成分であること、その成分はどこに持っていっても不変であること、だけである。

ほとんどの場合、スカラーは実数である。であるから、厳密には正しくないが、ベクトルの議論をしている場合、スカラーとは「実数で表わされる量のこと」だと考えても大間違いではない。

ベクトルの成分は、(この章では)実数であるが、スカラーではない。ベクトルの成分は、たとえば座標系のとり方を変えれば、それにともなって変化してしまう。

3.2 内積

内積は、ベクトルという考え方の中でもっとも重要な概念のひとつである。しかしながら、内積の概念は次に示すような素朴なイメージを出発点にしている。

3.2.1 内積のイメージ

図3.7のようなトロッコ列車を考えてもらいたい。

いま、レールがO地点からP地点に向かってまっすぐに引かれているとする。レールの上にトロッコがあって、紐で引っ張ることができるようになっている。

ある人がトロッコをO地点からP地点まで引っ張っていくわけだが、なぜかこの人はトロッコをレールに沿ってまっすぐ引っ張らずに、Q地点に向かって「 $\boldsymbol{q}$ 」の力で引っ張ったとしよう。トロッコに加わる「正味の」力の量(実数)はいかほどか。

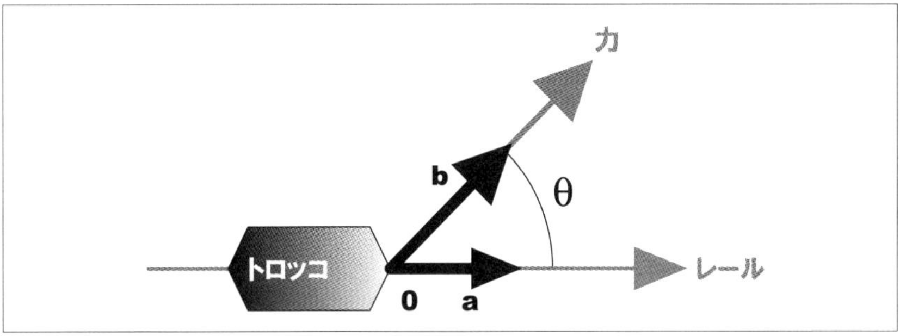

図3.7　トロッコとレール

トロッコに加わる正味の力の分量は、ベクトル「 $\boldsymbol{q}$ 」をレールに**投影**したものであり、この投影こそが**内積**である。いまOからPへのベクトル「 $\boldsymbol{p}$ 」があり、なおかつベクトル「 $\boldsymbol{p}$ 」が**正規化**されている、すなわちノルムが「1」になっているとすると、トロッコに加わる正味の力の量 F は、

$$F = \langle \boldsymbol{p}, \boldsymbol{q} \rangle$$

である。ここで「$\langle \boldsymbol{p}, \boldsymbol{q} \rangle$」は「 $\boldsymbol{p}$ 」と「 $\boldsymbol{q}$ 」の内積を表わす。もちろん、「 $\boldsymbol{p}$ 」と「 $\boldsymbol{q}$ 」のなす角を「θ」としておくと、

ベクトルの内積の定義：

$$\langle \boldsymbol{p}, \boldsymbol{q} \rangle \equiv \|\boldsymbol{p}\| \cdot \|\boldsymbol{q}\| \cos\theta$$

である。

なお、「θ」が**直角**、すなわち内積が「0」である場合、ベクトル「 $\boldsymbol{p}$ 」と「 $\boldsymbol{q}$ 」は**直交**しているという。

内積はまた面白い性格をもっている。**式(3.1)**からただちに分かることだが、あるベクトルの自分自身との内積はそのベクトルのノルムの自乗を表わすのである。そこで、これからは自分自身との内積をもって、ベクトルのノルムを定義しておこう。

ベクトルのノルムの定義：

$$\|\boldsymbol{p}\|^2 = \langle \boldsymbol{p}, \boldsymbol{p} \rangle$$

ところで、ベクトルとベクトルの内積は常にスカラーである。そこで、内積を「**スカラー積**」ともいう。

以下余談。我々は内積を、

$$\langle \boldsymbol{p}, \boldsymbol{q} \rangle$$

で表わすが、内積ほど人によって違う記号を使う演算も珍しい。たとえば、次の例はすべて内積記号として使われたことのある記号である。

$$\langle \boldsymbol{p}, \boldsymbol{q} \rangle = \langle \boldsymbol{p} \mid \boldsymbol{q} \rangle = (\boldsymbol{p}, \boldsymbol{q}) = (\boldsymbol{p} \mid \boldsymbol{q}) = (\boldsymbol{p} * \boldsymbol{q}) = (\boldsymbol{p} \cdot \boldsymbol{q}) = \boldsymbol{p} \cdot \boldsymbol{q}$$

3.2.2 ベクトルの成分の意味

空間に原点Oがあるとすると、すべての**位置**は原点を中心とする基本的な何本かのベクトルの線形和で表わされることになる。**図3.8**で言えば、ベクトル「$\boldsymbol{e}_x$」とベクトル「$\boldsymbol{e}_y$」の線形和ですべての位置が表わされる。この基本的なベクトルのことを、「**基底ベクトル**」と呼ぶ。基底ベクトルが何本必要かが、すなわち空間の**次元**である。

たとえば、**図3.8**で「$\boldsymbol{p}$」はx軸方向に「p_x」行き、y軸方向に「p_y」行ったところ（つまり、和をとったところ）に相当するから、

$$\boldsymbol{p} = \boldsymbol{e}_x p_x + \boldsymbol{e}_y p_y$$

である。

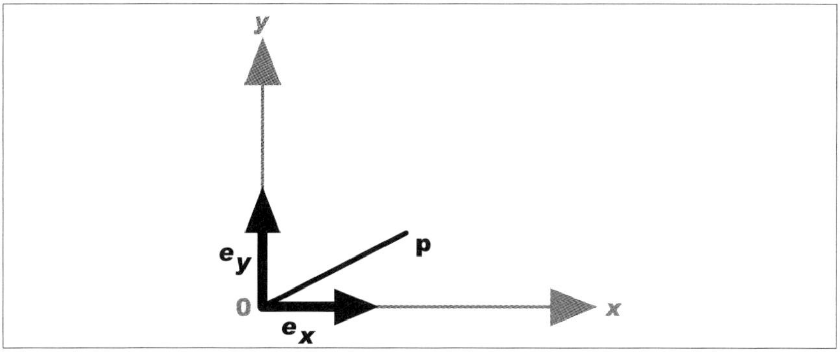

図3.8　位置ベクトルと基底ベクトル

ここで便利な記号を覚えておこう。

$$\boldsymbol{p} = \boldsymbol{e}_x p_x + \boldsymbol{e}_y p_y = \sum_{\mu=\{x,y\}} \boldsymbol{e}_\mu p_\mu$$

であるが、上式をアインシュタインは、

$$\boldsymbol{p} = \boldsymbol{e}_\mu p_\mu$$

と表わした。同じ添え字が2回以上登場した場合は、その添え字について和をとると約束するのである(これを「アインシュタインの規約」という)。和の範囲は「常識」で判断する。本書でもアインシュタインにならって和記号を省略することにする。実数 p_μ はベクトルの成分である。

いま、基底ベクトル $\boldsymbol{e}_x, \boldsymbol{e}_y$ を行列風に、

$$\boldsymbol{e}_x = \begin{pmatrix} 1 \\ 0 \end{pmatrix}; \quad \boldsymbol{e}_y = \begin{pmatrix} 0 \\ 1 \end{pmatrix} \tag{3.2}$$

と記述することにしたとしよう。ここで、$\begin{pmatrix} \vdots \end{pmatrix}$ を**行列だと思えば**、

$$\boldsymbol{p} = \begin{pmatrix}1\\0\end{pmatrix} p_x + \begin{pmatrix}0\\1\end{pmatrix} p_y = \begin{pmatrix}p_x\\p_y\end{pmatrix}$$

である。**式(3.2)**のように基底をとると、

$$\|\boldsymbol{e}_x\| = \|\boldsymbol{e}_y\| = 1 \quad \text{かつ} \quad \langle \boldsymbol{e}_x, \boldsymbol{e}_y \rangle = 0$$

となるので、基底ベクトルが正規化されており、各基底ベクトルが直交しているから、この場合 $\boldsymbol{e}_x, \boldsymbol{e}_y$ の組を「**正規直交基底**」と呼ぶ。正規直交基底で決められる座標系を「**正規直交座標系**」と呼ぶ。正規直交座標系で定められた空間を、「**ユークリッド空間**」という。

3.2.3 内積の意味

ベクトル「 $\boldsymbol{p}$ 」とベクトル「 $\boldsymbol{q}$ 」の内積は(ユークリッド空間では)次のようにも計算できる。

ベクトルの内積の求め方:

$$\langle \boldsymbol{p}, \boldsymbol{q} \rangle = p_\mu q_\mu$$

ここにアインシュタインの規約によって、

$$\sum_{\mu=\{x,y\}} p_\mu q_\mu = p_\mu q_\mu$$

と総和記号「 $\sum$ 」を省略した。

もう一度ベクトルの成分を定義する。ベクトルの成分とは、ベクトルと各基底ベクトルとの内積である。いま、

$$\boldsymbol{e}_x = \begin{pmatrix}e_{x_x}\\e_{x_y}\end{pmatrix} = \begin{pmatrix}1\\0\end{pmatrix}; \quad \boldsymbol{e}_y = \begin{pmatrix}e_{y_x}\\e_{y_y}\end{pmatrix} = \begin{pmatrix}0\\1\end{pmatrix}$$

と書くことにしよう。すると、

$$
\begin{aligned}
\langle \boldsymbol{e}_x, \boldsymbol{p} \rangle &= e_{x_x} p_x + e_{x_y} p_y \\
&= 1 p_x + 0 p_y \\
&= p_x \\
\langle \boldsymbol{e}_y, \boldsymbol{p} \rangle &= e_{y_x} p_x + e_{y_y} p_y \\
&= 0 p_x + 1 p_y \\
&= p_y
\end{aligned}
$$

である。最初我々は成分からベクトルを作ったが、こんどは逆にベクトルから成分を抽出したのである。

さて、内積は以下の性質を備えている。どれも簡単に証明できるので、確かめてもらいたい。

● 内積の性質I

$$\langle \boldsymbol{p}, \boldsymbol{q} \rangle = \langle \boldsymbol{q}, \boldsymbol{p} \rangle$$

● 内積の性質II

$$\langle \boldsymbol{p} + \boldsymbol{q}, \boldsymbol{r} \rangle = \langle \boldsymbol{p}, \boldsymbol{r} \rangle + \langle \boldsymbol{p}, \boldsymbol{r} \rangle$$

● 内積の性質III

$$\langle a\boldsymbol{p}, \boldsymbol{q} \rangle = a\langle \boldsymbol{p}, \boldsymbol{q} \rangle; \quad a \in \mathbb{R}$$

● 内積の性質IV

$$\langle \boldsymbol{p}, \boldsymbol{p} \rangle \geq 0$$

● 内積の性質V

$$\langle \boldsymbol{p}, \boldsymbol{p} \rangle = 0 \quad \text{ならば} \quad \boldsymbol{p} = 0$$

3.3 2次元ベクトルの回転

ベクトルの本質は回転してもその性質を変えないことである(もちろん成分は変化するが、その変化の仕方はわかっている)。では実際にベクトルを原点まわりに回転させ、成分がどう変化するのか調べてみよう。

3.3.1 原点まわりの回転

いま、図3.9に示したように、ベクトル「$\boldsymbol{p}$」を原点まわりに「θ」だけ回転して、「$\boldsymbol{p}'$」になったとしよう。回転させてもノルム「$\|\boldsymbol{p}\|$」は変化しないから、図より、

$$
\begin{aligned}
p_x &= \|\boldsymbol{p}\| \cos\phi \\
p_y &= \|\boldsymbol{p}\| \sin\phi \\
p'_x &= \|\boldsymbol{p}\| \cos(\theta + \phi) \\
p'_y &= \|\boldsymbol{p}\| \sin(\theta + \phi)
\end{aligned}
$$

が導ける。ここで三角関数の、

$$
\begin{aligned}
\sin(\theta + \phi) &= \sin\theta\cos\phi + \cos\theta\sin\phi \\
\cos(\theta + \phi) &= \cos\theta\cos\phi - \sin\theta\sin\phi
\end{aligned}
$$

という公式(覚えなくともよい!)から、

$$
\begin{aligned}
p'_x &= \|\boldsymbol{p}\| \cos(\theta + \phi) \\
&= \|\boldsymbol{p}\|(\cos\theta\cos\phi - \sin\theta\sin\phi) \\
&= (\|\boldsymbol{p}\|\cos\phi)\cos\theta - (\|\boldsymbol{p}\|\sin\phi)\sin\theta \\
&= p_x\cos\theta - p_y\sin\theta \\
p'_y &= \|\boldsymbol{p}\| \sin(\theta + \phi) \\
&= \|\boldsymbol{p}\|(\sin\theta\cos\phi + \cos\theta\sin\phi) \\
&= (\|\boldsymbol{p}\|\cos\phi)\sin\theta + (\|\boldsymbol{p}\|\sin\phi)\cos\theta \\
&= p_x\sin\theta + p_y\cos\theta
\end{aligned}
$$

を得る。結局、

$$p'_x = p_x \cos\theta - p_y \sin\theta$$
$$p'_y = p_x \sin\theta + p_y \cos\theta$$

である。上式は行列を使えば、

$$\begin{bmatrix} p'_x \\ p'_y \end{bmatrix} = \begin{bmatrix} \cos\theta & -\sin\theta \\ \sin\theta & \cos\theta \end{bmatrix} \begin{bmatrix} p_x \\ p_y \end{bmatrix}$$

と書ける。

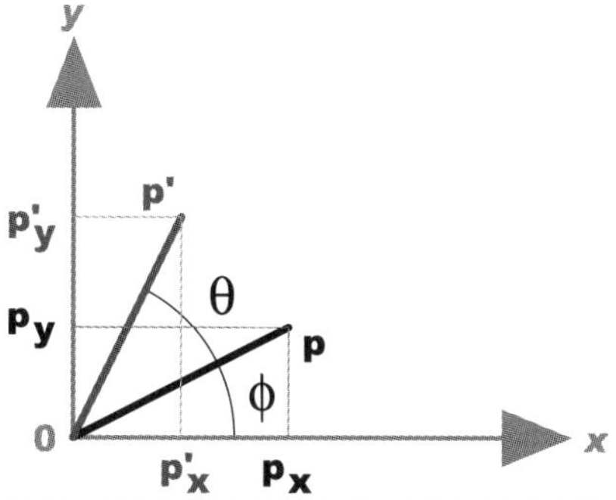

図3.9　ベクトルの回転

三角関数の公式が気に入らない人は、次のように求めてもよい。

こんどはベクトルを回転させるのではなく、座標系を回転させてみる。つまり、ベクトルは位置 P を変えないが、見え方が変わるのである。

座標系の回転角を「 θ 」としよう。回転前の座標系を「 x–y 座標系」、回転後の座標系を「 x''–y'' 座標系」とする。位置「 $\boldsymbol{p}'$ 」が「 x–y 座標系」で「 $\boldsymbol{p}$ 」にあった点は、「 x''–y'' 座標系」から見ると位置「 $\boldsymbol{p}''$ 」に見えたとする。

図3.10から、(点Oと点Aの距離を $\overline{OA}$ と表わすとして)、

$$p_x = \overline{OA} = \overline{BP}$$
$$p_y = \overline{OB}$$

であり、

$$\overline{OF} = \overline{OB}\cos\theta = p_y\cos\theta$$
$$\overline{FB} = \overline{OB}\sin\theta = p_y\sin\theta$$
$$\overline{EP} = \overline{BP}\cos\theta = p_x\cos\theta$$
$$\overline{BE} = \overline{BP}\sin\theta = p_x\sin\theta$$

であるから、

$$\begin{aligned}
p''_x &= \overline{OC} \\
&= \overline{DP} \\
&= \overline{DE} + \overline{EP} \\
&= \overline{FB} + \overline{EP} \\
&= p_y\sin\theta + p_x\cos\theta \\
p''_y &= \overline{OD} \\
&= \overline{OF} - \overline{FD} \\
&= \overline{OF} - \overline{BE} \\
&= p_y\cos\theta - p_x\sin\theta
\end{aligned}$$

にたどり着く。

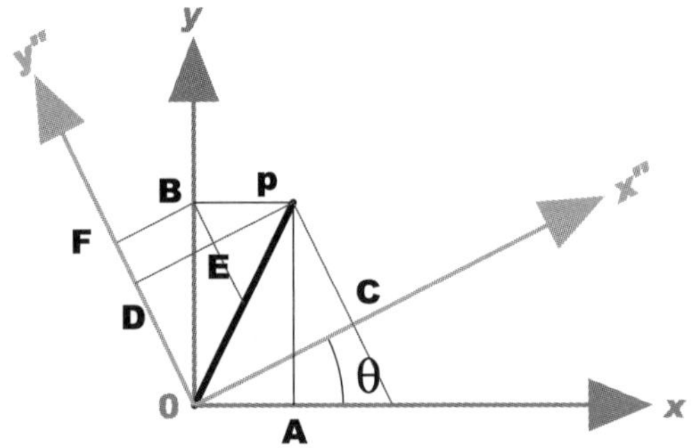

図3.10　ベクトルの回転

いま、点 P をそのままに座標系を θ 回転させたが、座標系はそのままに点 P のほうを原点まわりに θ 回転させるには、上記の議論で逆回転させればよい(θ を $-\theta$ に置き換える)。

点 P に位置ベクトル $\boldsymbol{p}$ が対応するとして、回転後の位置ベクトルを $\boldsymbol{p}'$ とすると、

$$\sin(-\theta) = -\sin\theta; \quad \cos(-\theta) = \cos\theta$$

であるから、

$$p'_x = p_x \cos\theta - p_y \sin\theta$$
$$p'_y = p_x \sin\theta + p_y \cos\theta$$

であり、結局、

$$\begin{bmatrix} p'_x \\ p'_y \end{bmatrix} = \begin{bmatrix} \cos\theta & -\sin\theta \\ \sin\theta & \cos\theta \end{bmatrix} \begin{bmatrix} p_x \\ p_y \end{bmatrix}$$

と同じ結論に達する。

ベクトルの各成分は、行列を使って回転できることが分かった。

3.3.2 ベクトルと行列

ベクトルの各成分が回転後どうなるかは、行列を使って表わすことができる。

$$\begin{bmatrix} p'_x \\ p'_y \end{bmatrix} = \begin{bmatrix} \cos\theta & -\sin\theta \\ \sin\theta & \cos\theta \end{bmatrix} \begin{bmatrix} p_x \\ p_y \end{bmatrix}$$

ただし、

$$\boldsymbol{p} = \begin{pmatrix} p_x \\ p_y \end{pmatrix}; \quad \boldsymbol{p}' = \begin{pmatrix} p'_x \\ p'_y \end{pmatrix}$$

である。であるなら、いっそのことベクトルを**行列だと思って**、

$$\boldsymbol{p}' = \begin{pmatrix} \cos\theta & -\sin\theta \\ \sin\theta & \cos\theta \end{pmatrix} \boldsymbol{p}$$

と書いてしまおう。ここで、

$$T(\theta)=\begin{pmatrix}\cos\theta & -\sin\theta \\ \sin\theta & \cos\theta\end{pmatrix}$$

とすれば、

$$\boldsymbol{p}'=T(\theta)\boldsymbol{p}$$

である。ここに $T(\theta)$ を「回転行列」と呼ぶ。回転行列は特殊直交行列である。

さて、ベクトルをMatrixクラスで表わすときがきた。ベクトル $\boldsymbol{p}$ と $\boldsymbol{p}'$ を、

$$\boldsymbol{p}=\begin{bmatrix}p_x & \bigstar \\ p_y & \bigstar\end{bmatrix};\quad \boldsymbol{p}'=\begin{bmatrix}p'_x & \bigstar \\ p'_y & \bigstar\end{bmatrix}$$

と実装することにする。ここに ★ は「気にしない」という意味である。

$$\begin{aligned}\boldsymbol{p}'=\begin{bmatrix}p_x & \bigstar \\ p_y & \bigstar\end{bmatrix}&=T(\theta)\boldsymbol{p}\\ &=\begin{bmatrix}\cos\theta & -\sin\theta \\ \sin\theta & \cos\theta\end{bmatrix}\begin{bmatrix}p_x & \bigstar \\ p_y & \bigstar\end{bmatrix}\\ &=\begin{bmatrix}\cos(\theta)p_x-\sin(\theta)p_y & \bigstar \\ \sin(\theta)p_x+\cos(\theta)p_y & \bigstar\end{bmatrix}\end{aligned}$$

であるから、C++言語でのベクトルの回転の実装は次のように書ける。

```
void foo ()
{
    double theta = 30 * (2 * M_PI / 360) ;        ← 回転角[rad]
    Matrix<double, 2> rot;
    Matrix<double, 2> p, p_prime;
    p.assign (20, 0, 0) ;        ← ベクトルpのx成分を設定
    p.assign (30, 1, 0) ;        ← ベクトルpのy成分を設定
    rot.assign (+std::cos (theta) , 0, 0) ;
    rot.assign (-std::sin (theta) , 0, 1) ;
    rot.assign (+std::sin (theta) , 1, 0) ;
    rot.assign (+std::cos (theta) , 1, 1) ;
```

```
    p_prime = rot * p; //  ←— pをtheta度まわした結果をp_primeに代入
}
```

「気にしない」のはもったいないが、これは仕方がない。2次元ベクトルが2成分なのに対し、2次元の回転行列が4成分なので、正方行列クラスを使う以上仕方がないのである。もちろん適当な最適化をほどこせば、メモリも計算時間も節約できるが、わざわざ正方行列を使う美しさは損なわれる。
(「気にしない」の部分を活用すれば、ベクトル2個を同時に回転させることはできる)。

なお、連続して回転させる場合は、連続して掛け算を行なえばよい。たとえば、まず θ まわして、続けて ϕ まわす場合は、

$$\boldsymbol{p}' = T(\phi)T(\theta)\boldsymbol{p}$$

とする。ここで回転行列の順序に注意しよう。ベクトル $\boldsymbol{p}$ に「近い」順に順次回転が実行されると考えると分かりやすい(OpenGLの回転glRotate{f,d}が、glVertex...などの頂点位置指定に近い順から順次回転するのと同じである)。

もっとも、2次元の場合は、

$$T(\phi)T(\theta) = T(\theta)T(\phi) = T(\theta+\phi)$$

なので、回転の順序は気にしなくてよい。

3.3.3 回転の意味

回転前のベクトルを「 $\boldsymbol{p}$ 」とし、原点まわりに θ 回転した後のベクトルを「 $\boldsymbol{p}'$ 」としよう。

$$\boldsymbol{p} = \begin{pmatrix} p_x \\ p_y \end{pmatrix}$$

$$\boldsymbol{p}' = \begin{pmatrix} p'_x \\ p'_y \end{pmatrix} = \begin{pmatrix} \cos(\theta)p_x - \sin(\theta)p_y \\ \sin(\theta)p_x + \cos(\theta)p_y \end{pmatrix}$$

であったから、ベクトル $\boldsymbol{p}'$ のノルムの2乗は、

$$
\begin{aligned}
||\boldsymbol{p}'||^2 &= (p'_x)^2 + (p'_y)^2 \\
&= (\cos(\theta)p_x - \sin(\theta)p_y)^2 + (\sin(\theta)p_x + \cos(\theta)p_y)^2 \\
&= \cos^2(\theta){p_x}^2 - 2\cos(\theta)\sin(\theta)p_xp_y + \sin^2(\theta){p_y}^2 \\
&\quad + \sin^2(\theta){p_x}^2 + 2\cos(\theta)\sin(\theta)p_xp_y + \cos^2(\theta){p_y}^2 \\
&= (\cos^2\theta + \sin^2\theta){p_x}^2 + (\cos^2\theta + \sin^2\theta){p_y}^2 \\
&= {p_x}^2 + {p_y}^2 \\
&\qquad \ldots(\cos^2\theta + \sin^2\theta = 1 \text{ の関係を利用した}) \\
&= ||\boldsymbol{p}||^2
\end{aligned}
$$

であって、ノルムは常に正かゼロ（つまり「非負」）であることを考慮すると、

$$||\boldsymbol{p}'|| = ||\boldsymbol{p}||$$

が常になりたつ。つまり、回転はノルムを変化させない変換といえる。逆に、数学では、ノルムを変化させない変換をすべて「回転」と呼ぶ。

さて、ベクトルの回転が元のベクトルの成分の線形和で書けたことは興味深い。

$$
\begin{aligned}
p'_x &= a_{00}p_x + a_{01}p_y \\
p'_y &= a_{10}p_x + a_{11}p_y
\end{aligned}
$$

は、

$$p'_\mu = A_{\mu\nu}p_\nu$$

とも書ける。ベクトルがこのような変換を受けることこそが、ベクトルの本質である。

我々は「数」を定義したように、**ベクトルも定義**してみよう。

ある型「T」について、

・「T型」同士の線形和は「T型」である。

・「T型」同士の内積が定義できる。

・「T型」から「T型」への変換が存在し、その変換は各成分の線形和で表わすことができる。

であるとき、型「T」を「ベクトル」と呼ぶ。

これを「数」の定義と比べてみてほしい。「数」と「ベクトル」は本来違うものである。ただし、これから見ていくように「数」と「ベクトル」にはオーバラップしている領域がある。「クォータニオン」はそのひとつである。

この章のまとめ

● **ベクトルの本質**とは、

.線形和（和と実数倍）
.内積
.回転

の3つである。

● **2つのベクトル「$\boldsymbol{p},\boldsymbol{q}$」の内積「$\langle \boldsymbol{p},\boldsymbol{q} \rangle$」**とは、

$\langle \boldsymbol{p},\boldsymbol{q} \rangle$ = （ベクトル $\boldsymbol{p}$ の長さ）・（ベクトル $\boldsymbol{q}$ の長さ）・cos（ベクトル $\boldsymbol{p},\boldsymbol{q}$ のなす角）

である。

● **正規直交座標系**では**ベクトルの内積**は、

$$\langle \boldsymbol{p},\boldsymbol{q} \rangle = p_x q_x + p_y q_y$$

と計算できる。

● **ベクトルのノルム**は、

$$\|\boldsymbol{p}\|^2 = \langle \boldsymbol{p},\boldsymbol{p} \rangle$$

と定義する。

● **ベクトルの回転**は、

$$\boldsymbol{p}' = T(\theta)\boldsymbol{p}; \quad T(\theta) = \begin{pmatrix} \cos\theta & -\sin\theta \\ \sin\theta & \cos\theta \end{pmatrix}$$

で表わすことができる。ここに、行列「T」は回転行列である。

● ノルムが「1」のベクトルは「単位ベクトル」と呼ぶ。

● 正規直交座標系では基底ベクトル「$\boldsymbol{e}_x, \boldsymbol{e}_y$」は、

$$\boldsymbol{e}_x = \begin{pmatrix} 1 \\ 0 \end{pmatrix}; \quad \boldsymbol{e}_y = \begin{pmatrix} 0 \\ 1 \end{pmatrix}$$

と表わすことができる。

● ベクトルの成分「p_μ」と基底ベクトル「$\boldsymbol{e}_\mu$」から、

$$\boldsymbol{p} = \sum_\mu \boldsymbol{e}_\mu p_\mu = \boldsymbol{e}_\mu p_\mu$$

でベクトルを作ることができる(アインシュタインの規約にならえば、和記号を省略してもよい)。

● ベクトル「$\boldsymbol{p}$」と基底ベクトル「$\boldsymbol{e}_\mu$」から、

$$p_\mu = \langle \boldsymbol{e}_\mu, \boldsymbol{p} \rangle$$

で成分「p_μ」を取り出せる。

回転行列とPostScript

プリンタ向けページ記述言語として有名なアドビ社の「PostScript」や、アップル社のMac OS Xに搭載されている2Dレンダリング・エンジン「Quartz」では、回転行列が陽にサポートされている。すなわち、ある2Dグラフィックを回転させて表示したいときは、レンダリング・コンテキストに回転行列をセットするだけでよく、あとは処理系がよきにはからってくれる。

第 4 章

複素数による２次元の回転

行列を使った2次元の回転は少々面倒であったが、複素数を使えば位置も回転もすっきりと表わすことができる。

ここで注意してほしいのは、「ベクトル」という語は、「線形和」「内積」「回転」ができる量、というほどの意味であって、その実装が行列であろうと複素数であろうと関係ないという点である。

この章では、

・位置を表わす複素数
・回転を表わす複素数
・複素数は行列(対角行列と反対称行列の線形和)であること

について調べる。

4.1 位置を表わす複素数

平面に正規直交座標系を設置したとする。x軸を**実軸**、y軸を**虚軸**と名づけて、それぞれ複素数の実数成分と虚数成分に対応させると、複素数は平面上の位置を表わすようになる。これが**複素平面**(ガウス平面)である。

これまでのベクトルの複素平面への移行は簡単で、ベクトルと成分の関係、

$$\boldsymbol{p} = \boldsymbol{e}_\mu p_\mu = \sum_{\mu=\{x,y\}} \boldsymbol{e}_\mu p_\mu$$

はそのままに、これまでの基底ベクトル、

$$\boldsymbol{e}_x = \begin{pmatrix} 1 \\ 0 \end{pmatrix}; \quad \boldsymbol{e}_y = \begin{pmatrix} 0 \\ 1 \end{pmatrix}$$

の代わりに、基底ベクトルとして、

$$\boldsymbol{s}_x = 1; \quad \boldsymbol{s}_y = \boldsymbol{i}$$

を使って、

$$\boldsymbol{P} = \boldsymbol{s}_\mu p_\mu$$

とするのである。つまり、

$$\boldsymbol{p} = \begin{pmatrix} 1 \\ 0 \end{pmatrix} p_x + \begin{pmatrix} 0 \\ 1 \end{pmatrix} p_y = \begin{pmatrix} p_x \\ p_y \end{pmatrix}$$

を、

$$\boldsymbol{P} = 1p_x + \boldsymbol{i}p_y = p_x + \boldsymbol{i}p_y$$

に置き換えるのである。

2次元のベクトルを表わすのに、わざわざ $\begin{pmatrix} p_x \\ p_y \end{pmatrix}$ としなくとも、複素数「 $p_x + \boldsymbol{i}p_y$ 」を使えばよかったのである。

基底ベクトルを取り替えたので、ベクトルの重要な性質がどうなったか見てみよう。

まず、**ベクトルの和**であるが、これは複素数の演算規則をそのまま利用できる。つまり、ベクトル $\boldsymbol{P}$ とベクトル $\boldsymbol{Q}$ があるとき、

$$\begin{aligned} \boldsymbol{P} + \boldsymbol{Q} &= (p_x + \boldsymbol{i}p_y) + (q_x + \boldsymbol{i}q_y) \\ &= (p_x + q_x) + \boldsymbol{i}(p_y + q_y) \end{aligned}$$

で、各成分ごとの和になっている。

次に、**ベクトルの実数倍**であるが、これも複素数の演算規則をそのまま利用できる。

いまaが実数のとき、

$$\begin{aligned} a\boldsymbol{P} &= a(p_x + \boldsymbol{i}p_y) \\ &= ap_x + \boldsymbol{i}ap_y \end{aligned}$$

であり、各成分ごとの実数倍になっている。

最後に**ベクトルの内積**とベクトルの回転であるが、回転のほうは次の節で見るとして、内積を調べてみよう。

ベクトル $\boldsymbol{P}$ とベクトル $\boldsymbol{Q}$ の内積 $\langle \boldsymbol{P}, \boldsymbol{Q} \rangle$ は、成分ごとに計算すれば、

$$\langle \boldsymbol{p}, \boldsymbol{q} \rangle = p_x q_x + p_y q_y$$

であった。この計算は、ベクトル「 $\boldsymbol{P}$ 」かベクトル「 $\boldsymbol{Q}$ 」のどちらか一方の共役複素数と、残りとの積で得られる。すなわち、

複素数によるベクトルの内積：

$$\langle \boldsymbol{P}, \boldsymbol{Q} \rangle = \boldsymbol{P}^* \boldsymbol{Q}$$

である。

4.2 複素数による回転

ガウス平面上の位置「 $\boldsymbol{P}$ 」を、原点まわりに θ 回転させた位置を「 $\boldsymbol{P}'$ 」としよう。すると、

$$\begin{cases} p'_x = \cos(\theta)p_x - \sin(\theta)p_y \\ p'_y = \sin(\theta)p_x + \cos(\theta)p_y \end{cases}$$

である。行列の記法を借りれば、

$$\begin{bmatrix} p'_x \\ p'_y \end{bmatrix} = \begin{bmatrix} \cos\theta & -\sin\theta \\ \sin\theta & \cos\theta \end{bmatrix} \begin{bmatrix} p_x \\ p_y \end{bmatrix}$$

であるが、「 $\boldsymbol{i}^2 = -1$ 」の関係を使うと複素数表示独自のまとめ方ができて、

複素数によるベクトルの回転：

$$p'_x + \boldsymbol{i}p'_y = (\cos\theta + \boldsymbol{i}\sin\theta)(p_x + \boldsymbol{i}p_y)$$

と書き直すことができる。ここで、

回転を表わす複素数の定義：

$$U(\theta) = \cos\theta + \boldsymbol{i}\sin\theta \tag{4.1}$$

とすると、

$$\boldsymbol{P}' = U(\theta)\boldsymbol{P}$$

である。

回転するものとされるものがここに同格（同じ複素数）になったのである。

回転は合成できる。原点まわりの θ 回転を「$U(\theta)$」、原点まわりの ϕ 回転を「$U(\phi)$」としよう。

原点まわりにまず θ まわして、続けて ϕ まわすと、回転を表わす複素数は「$U(\theta+\phi)$」であるが、これは「$U(\theta)U(\phi)$」と等しい。つまり、

$$U(\theta+\phi)=U(\theta)U(\phi) \quad \cdots\cdots（回転の合成）$$

である。

複素数による回転のコードを示しておこう。

```
double theta = 30 * (2 * M_PI / 360) ;           ← 回転角[rad]
complex u (std::cos (theta) , std::sin (theta)) ; ← 回転を表わす複素数
complex p (10, 20) ;                              ← 位置を表わす複素数
complex p_prime=u* p;                             ← p'=up
```

ところで、複素数は2個の実数からなるので2自由度をもつと言えるが、回転は回転角 θ だけで決まるから、回転を表わす複素数「$U(\theta)$」の自由度は「1」である。つまり、1自由度分の制限を受ける。

これは、クォータニオンが4個の実数からなるので、4自由度を持つが、後で見るように3次元の回転は3自由度なので、同じように1自由度分の制限をうけるのとよく似ている。

4.3 複素数＝対角行列＋反対称行列

2乗すると「$-\mathbf{1}$」になるような2×2実正方行列を考えてみよう。たとえば、次のような行列「$\boldsymbol{i}_{\mathrm{matrix}}$」を考える。

$$\boldsymbol{i}_{\mathrm{matrix}}=\begin{bmatrix}0 & -1\\ 1 & 0\end{bmatrix}$$

行列「$\boldsymbol{i}_{\mathrm{matrix}}$」は2乗すると、

$$(\boldsymbol{i}_{\text{matrix}})^2 = \begin{bmatrix} 0 & -1 \\ 1 & 0 \end{bmatrix} \begin{bmatrix} 0 & -1 \\ 1 & 0 \end{bmatrix} = \begin{bmatrix} -1 & 0 \\ 0 & -1 \end{bmatrix} = -\mathbf{1}$$

であるから、2乗すると、「 $-\mathbf{1}$ 」になる。

さて、行列「 A 」を、

$$A = \alpha_x + \boldsymbol{i}_{\text{matrix}}\alpha_y = \mathbf{1}\alpha_x + \boldsymbol{i}_{\text{matrix}}\alpha_y$$

のように定義すると、行列「 A 」は**複素数と同じように**ふるまう。ちなみに A を展開しておくと、

$$A = \alpha_x + \boldsymbol{i}_{\text{matrix}}\alpha_y = \mathbf{1}\alpha_x + \boldsymbol{i}_{\text{matrix}}\alpha_y = \begin{bmatrix} \alpha_x & \alpha_y \\ -\alpha_y & \alpha_x \end{bmatrix}$$

である。単位行列「 $\mathbf{1}$ 」は対角行列、行列「 $\boldsymbol{i}_{\text{matrix}}$ 」は反対称行列（のひとつ）であるので、行列 A は対角行列と反対称行列の和である。

複素数にとって重要な概念は共役複素数とノルムであった。行列「 A 」の転置行列「 A^{t} 」は「 A 」の共役複素数と同じ役割を演じる。そこで、

$$A^* = A^{\mathrm{t}} = \begin{bmatrix} \alpha_x & -\alpha_y \\ \alpha_y & \alpha_x \end{bmatrix}$$

としよう。もちろん、ちゃんと、

$$A^* = \mathbf{1}\alpha_x - \boldsymbol{i}_{\text{matrix}}\alpha_y$$

となっている。

共役複素数があれば、内積も手に入る。ただし、行列特有の事情が若干はある。行列の積 $A^{\mathrm{t}}B$ は、

$$A^{\mathrm{t}}B = \begin{bmatrix} \alpha_x & -\alpha_y \\ \alpha_y & \alpha_x \end{bmatrix} \begin{bmatrix} \beta_x & \beta_y \\ -\beta_y & \beta_x \end{bmatrix} = \begin{bmatrix} \alpha_x\beta_x + \alpha_y\beta_y & \alpha_x\beta_y - \alpha_y\beta_x \\ -\alpha_x\beta_y + \alpha_y\beta_x & \alpha_x\beta_x + \alpha_y\beta_y \end{bmatrix}$$

であるから、対角成分に「 $\alpha_x\beta_x + \alpha_y\beta_y$ 」と各成分の積の和が顔を現わしている。

内積は正規直交座標系（複素平面も正規直交座標系である）では各成分の積の和であったから、次のような操作で内積を定義しよう。

行列の内積：

$$\langle A, B \rangle = \frac{1}{2}\,\mathrm{tr}(A^{\mathrm{t}}B) \tag{4.2}$$

ここに、tr記号は行列の**トレース**を表わす。行列のトレースとは、行列の対角成分の総和であって、

行列のトレースの定義：

$$\mathrm{tr}\left[A_{ij}\right] = \sum_i A_{ii}$$

である（アインシュタインの規約を用いれば A_{ii} と書くだけでトレースの意味をもつ）。

内積が定義できたので、ノルムの定義は簡単である。行列 A のノルムは次のように定義すると、複素数のノルムと同じになる。

$$\begin{aligned}\|A\|^2 &= \frac{1}{2}\,\mathrm{tr}(A^{\mathrm{t}}A)\\ &= \frac{1}{2}\,\mathrm{tr}\left(\begin{bmatrix}\alpha_x & -\alpha_y\\ \alpha_y & \alpha_x\end{bmatrix}\begin{bmatrix}\alpha_x & \alpha_y\\ -\alpha_y & \alpha_x\end{bmatrix}\right)\\ &= \frac{1}{2}\,\mathrm{tr}\begin{bmatrix}{\alpha_x}^2+{\alpha_y}^2 & 0\\ 0 & {\alpha_x}^2+{\alpha_y}^2\end{bmatrix}\\ &= \frac{1}{2}\left(({\alpha_x}^2+{\alpha_y}^2)+({\alpha_x}^2+{\alpha_y}^2)\right)\\ &= {\alpha_x}^2+{\alpha_y}^2\end{aligned}$$

「行列 A の和」「ゼロ」「和の逆元」「積」「イチ」「積の逆元」が複素数とまったく同様に定義できることは自明であるので、それぞれ確認してもらいたい。

この章のまとめ

● 2次元のベクトル $\boldsymbol{p}$ が、

$$\boldsymbol{p} = \boldsymbol{e}_\mu p_\mu$$

のとき、

$$\boldsymbol{P} = p_x + \boldsymbol{i}p_y$$

はベクトルと数の両方の性質を備える。

● 原点まわりの2次元の θ 回転は、

$$\boldsymbol{P}' = U(\theta)\boldsymbol{P};\quad U(\theta) = \cos\theta + \boldsymbol{i}\sin\theta$$

である。

● 行列のトレース

$$\mathrm{tr}\left[A_{ij}\right] = \sum_i A_{ii}$$

● 複素数 $\alpha = \alpha_x + i\alpha_y$ は行列、

$$A = \begin{bmatrix} \alpha_x & -\alpha_y \\ \alpha_x & \alpha_y \end{bmatrix}$$

と表わしてもよい。このとき、

$$A^* = A^{\mathrm{t}}; \quad \langle A, B \rangle = \frac{1}{2}\,\mathrm{tr}(A^{\mathrm{t}}B)$$

である。

ベクターとベクトル

「ベクトル」という語はさまざまな意味で用いられる。たとえば、日常会話で「ベクトル」といえば「方向性」というほどの意味であろう。このぐらいならば罪はないのだが、問題は計算機用語にも「vector」(紛らわしいので「ベクター」と書くことにする)という語があり、数学のベクトルとは違う意味で使われているのである。計算機用語のベクターとは均質な(サイズがそれぞれ同一の)要素をもつ配列の意味で使われることが多い。たとえば、

```
int a [100] ;    ← 配列
```

なる「a」を「ベクター」と呼ぶ。ときにはポインタさえ「ベクター」と呼ばれる。つまり、

```
int a [100] ;    ← 配列
int *p = a;      ← ポインタ
```

なる「p」も「ベクター」と呼ぶ場合がある。しかし、これらの変数はそれぞれ、「配列」「ポインタ」と呼ぶべきであろう。

問題をさらに深刻にしているのは、標準C++ライブラリのvectorクラス・テンプレートである。これは本当ならば「array」と名づけるべきクラス・テンプレートである。しかしながら、標準はそうはならなかった。この点に関してはC++の創始者ストラウストラップもvector以外の名前をつけるべきだという意見だったらしい。

＊ストラウストラップ。Bjarne Stroustrup。
http://www.stroustrup.com/

数学とプログラミングの関係

数学とプログラミングの関係は近年大幅に整備されてきている。

そもそもコンピュータは物理学者や電気技術者によって作られたもので、数学的な整備よりもとにかく「動く」「役に立つ」「実用に耐える」ことが優先されてきたのだから、理論的な裏付けはどちらかと言えば後回しにされたのは仕方がない。

それでも、コンピュータアルゴリズムを数学的に定式化するとか、計算量を数学的に定量化するという取り組みは、コンピュータが生まれてからすぐに取り組まれてきた。

一方で、コンピュータアルゴリズムが数式そのものではないかという考え方が定着するにはかなりの時間を要したと言える。プログラムで使う「変数」は文字通り変化するのに対し、数学者がは変化する数を一般的には好まないからである。

実際、プログラムにおいて定数と変数を完全に分離する「関数型プログラミング」が普及の兆しを見せるのは、2010年代も後半であろう。

しかし、数学の習慣は2,000年以上あるのに対して、プログラミングの歴史は40年から50年程度である。おそらく数学の習慣のほうが、人類の思考方法に適している可能性がある。

と、言うわけで、我々プログラマーは今後、「関数型プログラミング」の考え方に馴染んでおく必要があるのだろう。本書では「オブジェクト指向プログラミング」を前提に解説をしているが、読者の皆様はぜひ「関数型プログラミング」にも視野を広げてもらいたい。

第5章

行列による3次元の回転と外積

この章ではいよいよ3次元のベクトルを扱う。2次元でも3次元でもベクトルの本質は変わらない。ベクトルの本質は、「線形和」「内積」「回転」である。しかしながら、3次元空間には他の次元にはない3次元特有の性質がある。それが、ベクトルの「外積」である。

3次元のベクトルの回転の方法は2種類ある。ひとつは2次元の場合と同じく回転行列を使う方法、そしてもうひとつは3次元に特有の、「外積」を使う方法である。

この章では、

- 3次元のベクトルの表わし方
- ベクトルの外積
- 3次元ベクトルの回転

について見る。

5.1 3次元ベクトル

3次元のベクトルは2次元のベクトルにもう1成分追加しただけである。2次元のベクトルはx成分とy成分をもっていたから、3番目の成分はz成分と名づけよう。**図5.1**は3次元のユークリッド空間で、位置ベクトル「 $\boldsymbol{p}$ 」の各成分を「p_x, p_y, p_z」とすると、

$$\boldsymbol{p} = \begin{pmatrix} p_x \\ p_y \\ p_z \end{pmatrix}$$

と書ける。これは基底ベクトルを、

$$\boldsymbol{e}_x = \begin{pmatrix} 1 \\ 0 \\ 0 \end{pmatrix}; \quad \boldsymbol{e}_y = \begin{pmatrix} 0 \\ 1 \\ 0 \end{pmatrix}; \quad \boldsymbol{e}_z = \begin{pmatrix} 0 \\ 0 \\ 1 \end{pmatrix}$$

として、各成分の線形和をベクトル $\boldsymbol{p}$ とする、すなわち、

$$\boldsymbol{p} = \boldsymbol{e}_\mu p_\mu = \boldsymbol{e}_x p_x + \boldsymbol{e}_y p_y + \boldsymbol{e}_z p_z$$

とすることに等しい。

「ベクトルの和」「和の単位元(ゼロ・ベクトル)」「和の逆元(逆ベクトル)」「実数倍」は、すべて2次元のベクトルと同じように定義される。

3次元ベクトル同士の「内積」も2次元のベクトル同士の場合と同じで、

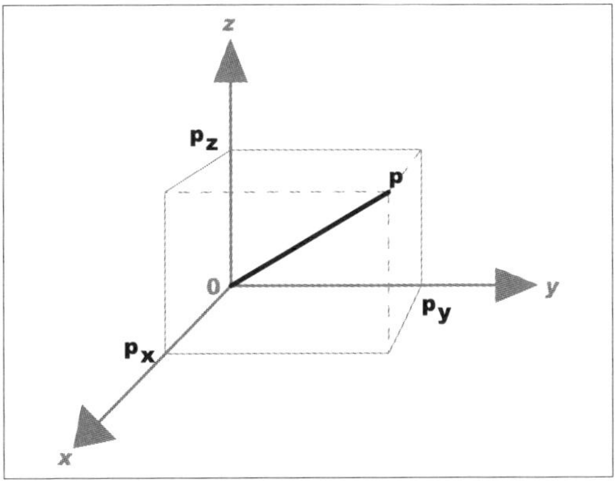

図5.1 3次元の位置ベクトル

$$\langle \boldsymbol{p}, \boldsymbol{q} \rangle = p_\mu q_\mu = \sum_{\mu=\{x,y,z\}} p_\mu q_\mu$$

である。

5.2 外積

「内積」はベクトル同士の積の一種であるが、ベクトル同士の積には他に、ここで定義する「**外積**」(ベクトル積)と「**テンソル積**」(「直積」とも呼ぶが、「テンソル積」と呼ぶほうが一般的である)がある(テンソル積に関しては**第7章**を参照)。

ベクトルの回転がn次元($n = 1, 2, 3, \ldots$)で成り立つのに対し、これから述べるベクトルの外積は3次元でしか成り立たない。n次元で成り立つ外積(これから述べる狭義の外積と区別するために「**ウェッジ積**」とも呼ばれる)はちゃんと存在して、ベクトル解析(ベクトルの微分を扱う数学)には不可欠な演算であるが、本書では立ち入らないことにする。

3次元ベクトル「 $\boldsymbol{p}$ 」と3次元ベクトル「 $\boldsymbol{q}$ 」の外積「 $\boldsymbol{r}$ 」は、

$$\boldsymbol{r} = \boldsymbol{p} \times \boldsymbol{q}$$

と書き、その結果はまた3次元ベクトルである。

外積「 $\boldsymbol{r} = \boldsymbol{p} \times \boldsymbol{q}$ 」はベクトル「 $\boldsymbol{p}$ 」およびベクトル「 $\boldsymbol{q}$ 」に直交し、そのノルムがベクトル「 $\boldsymbol{p}$ 」とベクトル「 $\boldsymbol{q}$ 」が張る平行四辺形の面積「 S 」に等しいベクトルと定義する(**図5.2**参照)。ここで面積「 S 」は、

$$S = \|\boldsymbol{p}\| \cdot \|\boldsymbol{q}\| \sin\theta; \quad \theta = (\boldsymbol{p}\text{ と }\boldsymbol{q}\text{ のなす角})$$

である。

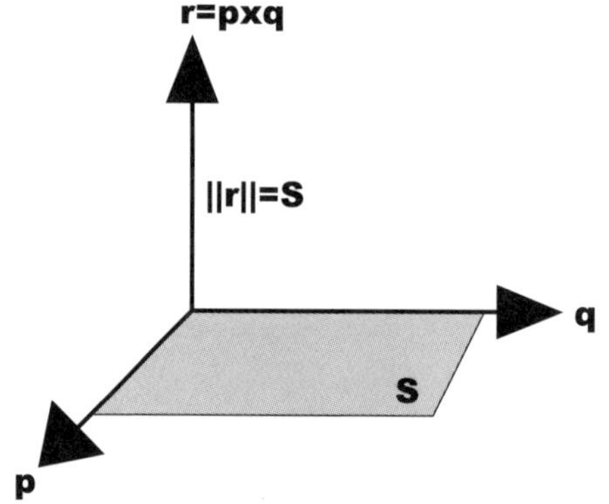

図5.2 3次元ベクトルの外積

外積「 $\boldsymbol{p} \times \boldsymbol{q}$ 」の成分は、

外積の求め方：

$$\boldsymbol{p} \times \boldsymbol{q} = \begin{pmatrix} p_y q_z - p_z q_y \\ p_z q_x - p_x q_z \\ p_x q_y - p_y q_x \end{pmatrix}$$

であり、行列式を使って、

外積の求め方（行列式版）：

$$\boldsymbol{p} \times \boldsymbol{q} = \det \begin{bmatrix} \boldsymbol{e}_x & p_x & q_x \\ \boldsymbol{e}_y & p_y & q_y \\ \boldsymbol{e}_z & p_z & q_z \end{bmatrix}$$

と書くこともできる。

外積がなんとなく不自然なのは仕方がない。外積の厳密な定義を知るには、「外積代数」（グラスマン代数）を紐解く必要があるが、我々はここらへんで我慢することにする。

最後に、**ベクトルの3重積**を紹介しておこう。3次元ベクトル「 $\boldsymbol{p},\boldsymbol{q},\boldsymbol{r}$ 」があるとき、ベクトル「 $\boldsymbol{p}\times\boldsymbol{q}\times\boldsymbol{r}$ 」はベクトル「 $\boldsymbol{p},\boldsymbol{q},\boldsymbol{r}$ 」の「3重積」と呼び、

ベクトル3重積の公式：

$$\boldsymbol{p}\times\boldsymbol{q}\times\boldsymbol{r} = \boldsymbol{q}\langle\boldsymbol{p},\boldsymbol{r}\rangle - \boldsymbol{r}\langle\boldsymbol{p},\boldsymbol{q}\rangle$$

と計算できる。もちろん、上式はただの公式であって、成分ごとの計算を少しばかり楽にするだけである。

5.3　3次元ベクトルの回転

3次元のベクトルを回転させる方法は、大雑把に言って次の3とおりある。

- ・回転行列を使う方法
- ・外積の性質を利用する方法
- ・クォータニオンを使う方法

回転行列を使う方法は、4次元以上でも使えるのに対し、あとの2つの方法は3次元でしか使えない。

5.3.1 オイラー角とロール・ピッチ・ヨー

3次元ベクトルを回転させる場合は、2次元の場合と異なって「どういうふうに回すか」が重要になってくる。たとえば**図5.3**は位置ベクトル「 $\boldsymbol{p}$ 」を「z軸まわりに」回転させた例である。

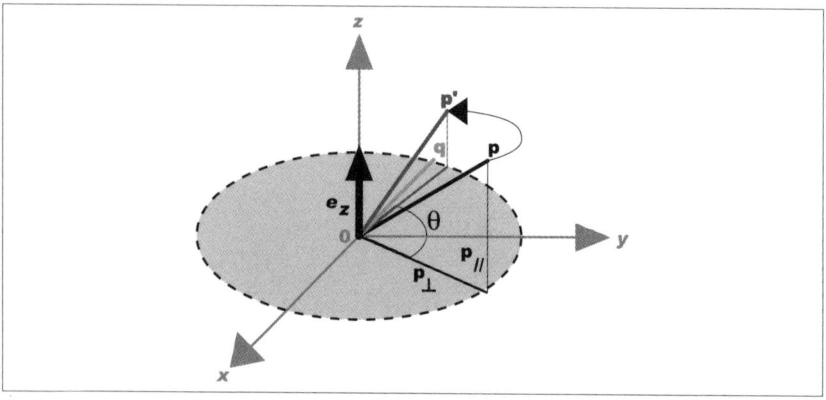

図5.3　3次元のベクトルの回転

任意の回転を実現するには、たとえば、「まずz軸まわりに θ_1 回し、x軸まわりに θ_2 回し、もう一度z軸まわりに θ_3 回す」などとする。この場合、 $\theta_1, \theta_2, \theta_3$ を「z-x-z**オイラー角**」と呼ぶ。この他に、「z-y-xオイラー角」(別名、**ロール・ピッチ・ヨー**)もよく用いられる。

図5.4はロール・ピッチ・ヨーの幾何学的な意味である。

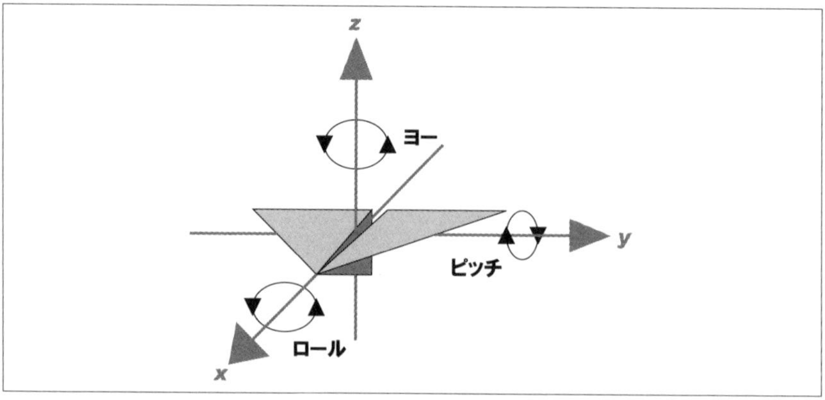

図5.4　ロール・ピッチ・ヨー

5.3.2 回転行列による回転

2次元であろうと3次元であろうと、「ベクトル」を「行列」だと思えば、ベクトルを回転させる回転行列を定義することは可能である。

z軸まわりにθ回転させる回転行列を「$T_z(\theta)$」としよう(以下、μ軸まわりの回転行列を「T_μ」で表わす)。この場合、単純にx-y平面上での回転を想像すればよく、

$$T_z(\theta) = \begin{pmatrix} \cos\theta & -\sin\theta & 0 \\ \sin\theta & \cos\theta & 0 \\ 0 & 0 & 1 \end{pmatrix} \tag{5.1}$$

である。

同じように考えていくと、y軸まわりの回転は、

$$T_y(\theta) = \begin{pmatrix} \cos\theta & 0 & \sin\theta \\ 0 & 1 & 0 \\ -\sin\theta & 0 & \cos\theta \end{pmatrix}$$

である。z軸まわりの回転は、

$$T_x(\theta) = \begin{pmatrix} 1 & 0 & 0 \\ 0 & \cos\theta & -\sin\theta \\ 0 & \sin\theta & \cos\theta \end{pmatrix}$$

である。3次元になっても回転行列は特殊直交行列である。

あとは「T_μ」を組み合わせれば任意の回転が表現できる。ただし、一般に3次元の回転行列は非可換である(すなわち、3次元の回転は回転の順序に依存する)。

いま、位置ベクトル「$\boldsymbol{p}$」をz軸まわりにψ回転し、続けてx軸まわりにϕ回転し、最後にもう一度z軸まわりにθ回転したものを「$\boldsymbol{p}'$」としよう。すると、「$\boldsymbol{p}'$」は、

$$p' = T_z(\theta) T_x(\phi) T_z(\psi) p$$

のようになる。

ここで「 $T_z(\theta)T_x(\phi)T_z(\psi)$ 」を展開してみると、

$$T_z(\theta)T_x(\phi)T_z(\psi) = \begin{pmatrix} \cos\theta\cos\psi - \sin\theta\cos\phi\sin\psi & \cos\theta\sin\psi + \sin\theta\cos\phi\cos\psi & \sin\theta\sin\phi \\ -\sin\theta\cos\psi - \cos\theta\cos\phi\sin\psi & -\sin\theta\sin\psi + \cos\theta\cos\phi\cos\psi & \cos\theta\sin\phi \\ \sin\phi\sin\psi & -\sin\phi\cos\psi & \cos\phi \end{pmatrix}$$

となる。

これでz-x-zオイラー角「θ, ϕ, ψ」が与えられたときの回転行列が計算できる。(プログラムを書くときは、このような面倒な計算はすべてライブラリにやらせればよい)。

ロール・ピッチ・ヨー(z-y-xオイラー角)「r, p, y」が与えられた場合は、次のようになる。

$$T_z(y)T_y(p)T_x(r) = \begin{pmatrix} \cos y\cos p & \cos y\sin p\sin r - \sin y\cos r & \cos y\sin p\cos r + \sin y\sin r \\ \sin y\cos p & \sin y\sin p\sin r + \cos y\cos r & \sin y\sin p\cos r - \cos y\sin r \\ -\sin p & \cos p\sin r & \cos p\cos r \end{pmatrix}$$

OpenGLを用いる場合、回転行列がプログラムに陽に表われることはめったにないと思うが、念のため例をあげておこう。

OpenGLでは回転行列はglMultMatrix{f,d}関数を使う。glMultMatrix{f,d}関数は16要素の1次元配列を4×4行列として受け取る。

いま、4×4行列「 A 」が、

$$A = \begin{bmatrix} A_{00} & A_{01} & A_{02} & A_{03} \\ A_{10} & A_{11} & A_{12} & A_{13} \\ A_{20} & A_{21} & A_{22} & A_{23} \\ A_{30} & A_{31} & A_{32} & A_{33} \end{bmatrix}$$

であったとき、glMultMatrix{f,d}は引数として、

$$A_{\mathrm{array}} = (A_{00}, A_{10}, A_{20}, A_{30}, A_{01}, A_{11}, A_{21}, A_{31}, A_{02}, A_{12}, A_{22}, A_{32}, A_{03}, A_{13}, A_{23}, A_{33})$$

なる1次元配列「 A_{array} 」を受け取る。

回転行列が3×3行列であったのに、glMultMatrix{f,d}が4×4行列を受け取るのは、それなりの事情がある。

いまは、回転行列「T」に対し、回転行列「T」を**同次座標**(homogeneous coordinate)で表示した行列「T_{hom}」を受け取るものだということで納得してもらいたい。

「T_{hom}」は、次のような行列である。

$$T_{\mathrm{hom}} = \begin{bmatrix} T_{00} & T_{01} & T_{02} & 0 \\ T_{10} & T_{11} & T_{12} & 0 \\ T_{20} & T_{21} & T_{22} & 0 \\ 0 & 0 & 0 & 1 \end{bmatrix}$$

OpenGLを使って回転行列を指定するには、次のようにする。

まずロール・ピッチ・ヨーを引数にとり、拡張回転行列を返す関数「rotate_by_roll_pitch_yaw」を定義しよう。

```
void rotate_mat_by_roll_pitch_yaw(double r[4][4],
    double roll, double pitch, double yaw)
{
    double cos_r = std::cos(roll);
    double sin_r = std::sin(roll);
    double cos_p = std::cos(pitch);
    double sin_p = std::sin(pitch);
    double cos_y = std::cos(yaw);
    double sin_y = std::sin(yaw);
    r[0][0] = cos_y * cos_p;
    r[0][1] = sin_y * cos_p;
    r[0][2] = -sin_p;
    r[0][3] = 0;
    r[1][0] = cos_y * sin_p * sin_r -sin_y * cos_r;
    r[1][1] = sin_y * sin_p * sin_r + cos_y * cos_r;
    r[1][2] = cos_p * sin_r;
    r[1][3] = 0;
    r[2][0] = cos_y * sin_p * cos_r + sin_y * sin_r;
    r[2][1] = sin_y * sin_p * cos_r -cos_y * sin_r;
    r[2][2] = cos_p * cos_r;
    r[2][3] = 0;
```

```
    r[3][0] = 0;
    r[3][1] = 0;
    r[3][2] = 0;
    r[3][3] = 1;
}
```

拡張回転行列は次のように指定する。ここで、draw_boxはスクリーンに何かを描画する関数としよう。

```
void draw_boxes1()
{
    double yaw = 30 * (2 * M_PI / 360);   ← ヨー[rad]
    double pitch = 40 * (2 * M_PI / 360); ← ピッチ[rad]
    double roll = 50 * (2 * M_PI / 360);  ← ロール[rad]
    double rot[4][4];
    draw_box(); ← 箱を描く
    rotate_mat_by_roll_pitch_yaw(&rot[0][0], roll, pitch, yaw);
    glMultMatrixd(rot); ← 回転行列をセット
    draw_box(); ← 箱を描く
}
```

OpenGLには回転軸と回転角を独立に指定する関数があるため、次のコードは上述のコードとまったく同じことをする。

```
void draw_boxes2()
{
    draw_box(); ← 箱を描く
    glRotatef(30, 0, 0, 1); ← ヨー[deg]
    glRotatef(40, 0, 1, 0); ← ピッチ[deg]
    glRotatef(50, 1, 0, 0); ← ロール[deg]
    draw_box(); ← 箱を描く
}
```

連続して回転させる場合は、回転行列を次々と掛ければよいのだが、コンピュータによる計算で回転行列を合成した場合、何らかの誤差が含まれてしまい、合成した回転行列が特殊直交行列になっていない場合がある。

行列「A」が特殊直交行列である条件は、

$$\det A = 1$$

であったから、計算した「合成」回転行列を「T」とすると、ときどき「$\det T$」をチェックしてやり、「$\det T$」が「1」でない場合は、

$$T' = \frac{T}{\det T}$$

として正規化する必要がある。もし、「$\det T \neq 1$」のまま回転計算を続けると、描画しようとしている形状が伸び縮みしてしまう。

回転行列を用いれば任意の回転が表わせるし、回転行列は特殊直交行列であるので「数」の仲間であり、数学的には充分美しいのであるが、どのような回転が行なわれるのか直感的には分かりにくいこと、一応は「数」であっても計算方法の見通しがなんとなく悪いことなどから、CGで扱うにはいまいち面倒な側面がある。

直感的な回転は次節の外積を利用した回転を使えば満たされるのだが、外積を使うとこんどは回転の合成が煩雑になってしまう。この問題を一挙に解決するのが、「クォータニオン」による回転であるが、その前にまず外積を利用した回転について見てみよう。

5.3.3 外積を利用した回転

任意の回転を表現するもうひとつの方法は、**回転軸**と回転角を指定する方法である。

話を簡単にするために、まず**図5.5**のように回転軸がz軸であるような回転を考えてみよう。この場合、回転面はx-y平面である。また、回転前のベクトル「$\boldsymbol{p}$」も回転面すなわちx-y平面上にあるとする。回転後のベクトル「$\boldsymbol{p}'$」は回転面上になければならないから、ベクトル「$\boldsymbol{p}'$」もx-y平面上にあることになる。

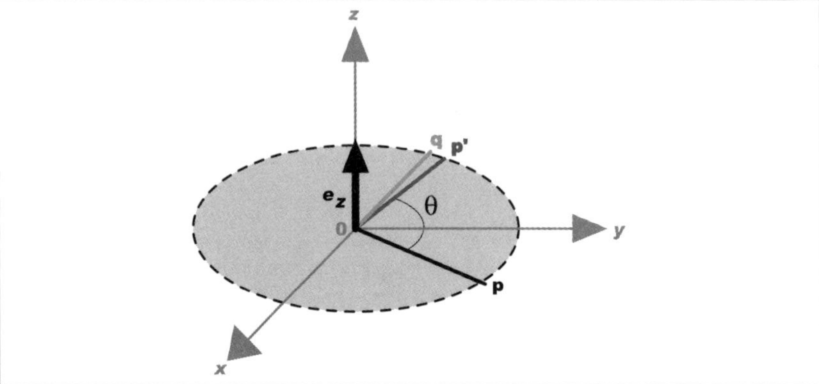

図5.5　x-y平面上でのz軸まわりの回転

そこで、回転面の上にベクトル「 $\boldsymbol{p}$ 」と垂直な方向に(直交する向きに)ベクトル「 $\boldsymbol{q}$ 」があると仮定しよう。またベクトル「 $\boldsymbol{q}$ 」のノルム(長さ)は「 $\boldsymbol{p}$ 」のノルムと等しいとしよう。すると、ベクトル「 $\boldsymbol{p}'$ 」は、

$$\boldsymbol{p}' = \boldsymbol{p}\cos\theta + \boldsymbol{q}\sin\theta$$

と書ける。あとはベクトル「 $\boldsymbol{q}$ 」をどのようにして手に入れるかであるが、外積を使うと簡単に手に入る。

いま、z軸方向の基底ベクトルを「 $\boldsymbol{e}_z$ 」とすると、ベクトル「 $\boldsymbol{q}$ 」は、

$$\boldsymbol{q} = \boldsymbol{e}_z \times \boldsymbol{p}$$

で求めることができる。このベクトル「 $\boldsymbol{q}$ 」は、元のベクトル「 $\boldsymbol{p}$ 」にもベクトル「 $\boldsymbol{e}_z$ 」にも直交し(つまりx-y平面上にあり)、そのノルムは「 $\|\boldsymbol{p}\|$ 」に等しい。

では、ベクトル「 $\boldsymbol{p}$ 」がx-y平面上になかった場合はどうなるだろう。ベクトル「 $\boldsymbol{p}$ 」がx-y平面上にない場合は、ベクトル「 $\boldsymbol{p}$ 」を「 $\boldsymbol{e}_z$ 」に垂直なベクトルと平行なベクトルに分解する。

$$\boldsymbol{p} = \boldsymbol{p}_{\perp} + \boldsymbol{p}_{\parallel}$$

ただし、$\boldsymbol{p}_{\perp}$ は $\boldsymbol{e}_z$ に垂直、$\boldsymbol{p}_{\parallel}$ は $\boldsymbol{e}_z$ に平行であるとする。

ベクトル $\boldsymbol{q}$ を次のように作る。

$$\boldsymbol{q} = \boldsymbol{e}_z \times \boldsymbol{p}_{\perp}$$

こうすれば、ベクトル「 $\boldsymbol{p}$ 」のうち「 $\boldsymbol{p}_\perp$ 」のほうは x-y 平面上での回転と同じで、「 $\boldsymbol{p}_\parallel$ 」のほうは回転後も変化しないから、

$$
\begin{aligned}
\boldsymbol{p}'_\perp &= \boldsymbol{p}_\perp \cos\theta + \boldsymbol{q}\sin\theta \\
\boldsymbol{p}'_\parallel &= \boldsymbol{p}_\parallel
\end{aligned}
$$

である。ここで、

$$\boldsymbol{p}' = \boldsymbol{p}'_\perp + \boldsymbol{p}_\parallel$$

であるから、まとめると、

$$\boldsymbol{p}' = \boldsymbol{p}_\perp \cos\theta + \boldsymbol{q}\sin\theta + \boldsymbol{p}_\parallel$$

である。ベクトル「 $\boldsymbol{p}_\perp, \boldsymbol{p}_\parallel, \boldsymbol{q}$ 」は、それぞれ、

$$
\begin{aligned}
\boldsymbol{p}_\perp &= \boldsymbol{p} - \boldsymbol{p}_\parallel \\
\boldsymbol{p}_\parallel &= \boldsymbol{e}_z \langle \boldsymbol{e}_z, \boldsymbol{p} \rangle \\
\boldsymbol{q} &= \boldsymbol{e}_z \times \boldsymbol{p}_\perp \\
&= \boldsymbol{e}_z \times (\boldsymbol{p} - \boldsymbol{e}_z \langle \boldsymbol{e}_z, \boldsymbol{p} \rangle) \\
&= \boldsymbol{e}_z \times \boldsymbol{p}
\end{aligned}
$$

ベクトル「 $\boldsymbol{q}$ 」を求める式の最後で、「 $\boldsymbol{e}_z \times \boldsymbol{e}_z = 0$ 」の関係を利用して、

$$\boldsymbol{q} = \boldsymbol{e}_z \times \boldsymbol{p}_\perp = \boldsymbol{e}_z \times \boldsymbol{p}$$

となったが、ベクトル「 $\boldsymbol{e}_z$ 」とベクトル「 $\boldsymbol{p}_\perp$ 」が張る面積と、ベクトル「 $\boldsymbol{e}_z$ 」とベクトル「 $\boldsymbol{p}$ 」が張る面積が等しいことからも納得できる関係である。

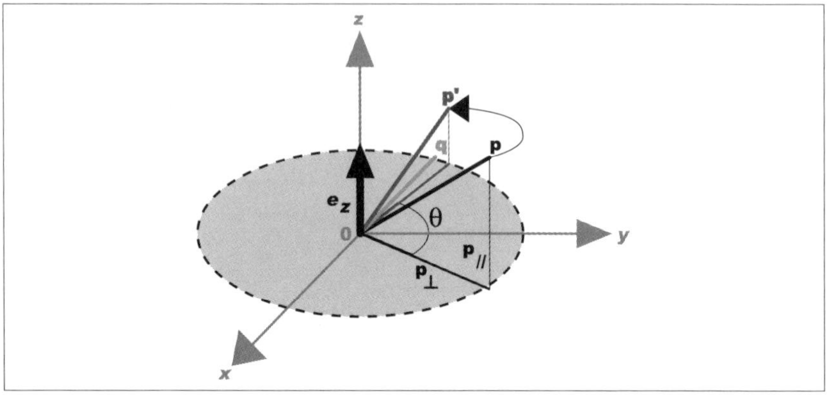

図5.6　z軸まわりの回転

いままでの話はz軸まわりの回転に限ったものであったが、任意の回転軸まわりの回転についても同様の議論ができる。必要なのは、ベクトル「 $\boldsymbol{e}_z$ 」の代わりに回転軸を表わすベクトルである。ここでは**図5.7**のように、回転軸を表わすベクトルを「 $\boldsymbol{r}$ 」と書こう。ベクトル「 $\boldsymbol{r}$ 」のノルムは「1」でなければならない。これまでの「 $\boldsymbol{e}_z$ 」をベクトル「 $\boldsymbol{r}$ 」で置き換えると、

$$\boldsymbol{p}' = \boldsymbol{p}_\perp \cos\theta + \boldsymbol{q}\sin\theta + \boldsymbol{p}_\parallel$$
$$\boldsymbol{p}_\perp = \boldsymbol{p} - \boldsymbol{p}_\parallel$$
$$\boldsymbol{p}_\parallel = \boldsymbol{r}\langle \boldsymbol{r}, \boldsymbol{p}\rangle$$
$$\boldsymbol{q} = \boldsymbol{r} \times \boldsymbol{p}$$

が得られる。これらの式を一本にまとめて、外積を使ったベクトルの回転の式としよう。

ベクトル $\boldsymbol{p}$ をベクトル $\boldsymbol{r}$ まわりにθ回転させたベクトル $\boldsymbol{p}'$ の求め方：

$$\boldsymbol{p}' = \boldsymbol{p}\cos\theta + \boldsymbol{r}\times\boldsymbol{p}\sin\theta + \boldsymbol{r}\langle \boldsymbol{r}, \boldsymbol{p}\rangle(1-\cos\theta)$$

ただし、$\|\boldsymbol{r}\| = 1$ である。

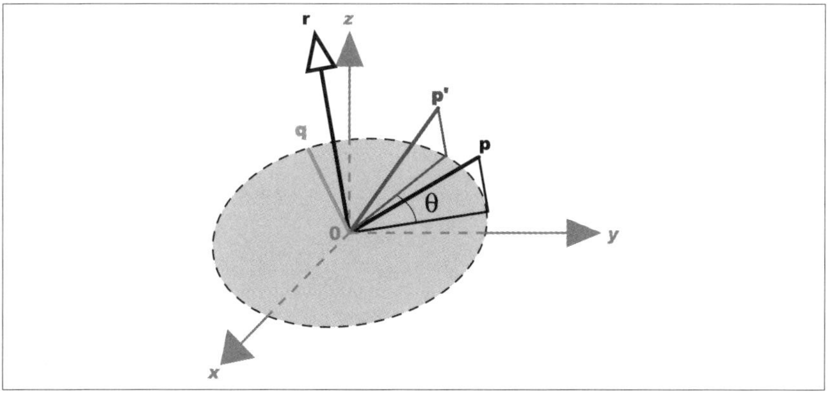

図5.7　外積を利用したベクトルの回転

外積を使った回転の良いところは、回転が1つの回転軸と回転角で表わされるため、どのような回転か直感的に分かりやすいことである。ただし、外積を使った回転は、回転行列による回転に比べると、回転の合成が単純ではなくなってしまう。直感的に分かりやすく、かつ合成しやすい回転――それが次章の「クォータニオン」による回転である。

この章のまとめ

● 3次元のベクトル「 $\boldsymbol{p}$ 」は、基底ベクトルを、

$$\boldsymbol{e}_x = \begin{pmatrix} 1 \\ 0 \\ 0 \end{pmatrix}; \quad \boldsymbol{e}_y = \begin{pmatrix} 0 \\ 1 \\ 0 \end{pmatrix}; \quad \boldsymbol{e}_z = \begin{pmatrix} 0 \\ 0 \\ 1 \end{pmatrix}$$

として、

$$\boldsymbol{p} = \boldsymbol{e}_\mu p_\mu$$

と書ける。

● ベクトルの内積

$$\langle \boldsymbol{p}, \boldsymbol{q} \rangle = p_\mu q_\mu$$

● ベクトルの外積（3次元のみ）

$$\boldsymbol{p}\times\boldsymbol{q}=\begin{pmatrix}p_yq_z-p_zq_y\\p_zq_x-p_xq_z\\p_xq_y-p_yq_x\end{pmatrix}=\det\begin{bmatrix}\boldsymbol{e}_x & p_x & q_x\\\boldsymbol{e}_y & p_y & q_y\\\boldsymbol{e}_z & p_z & q_z\end{bmatrix}$$

● ベクトル3重積の公式

$$\boldsymbol{p}\times\boldsymbol{q}\times\boldsymbol{r}=\boldsymbol{q}\langle\boldsymbol{p},\boldsymbol{r}\rangle-\boldsymbol{r}\langle\boldsymbol{p},\boldsymbol{q}\rangle$$

● ベクトル $\boldsymbol{p}$ を回転行列によって回転させる方法は、z-x-zオイラー角を使えば、

$$\boldsymbol{p}'=T_z(\theta)T_x(\phi)T_z(\psi)\boldsymbol{p}$$

である。ここに、

$$T_z(\theta)=\begin{pmatrix}\cos\theta & -\sin\theta & 0\\\sin\theta & \cos\theta & 0\\0 & 0 & 1\end{pmatrix};\quad T_x(\phi)=\begin{pmatrix}1 & 0 & 0\\0 & \cos\phi & -\sin\phi\\0 & \sin\phi & \cos\phi\end{pmatrix}$$

である。

● ベクトル $\boldsymbol{p}$ を単位ベクトル $\boldsymbol{r}$ まわりに θ 回転させるには、

$$\boldsymbol{p}'=\boldsymbol{p}\cos\theta+\boldsymbol{r}\times\boldsymbol{p}\sin\theta+\boldsymbol{r}\langle\boldsymbol{r},\boldsymbol{p}\rangle(1-\cos\theta)$$

とする。

OpenGLと同次座標系

OpenGLでは回転行列の代わりに4×4の同次座標回転行列を用いる。また、3次元のベクトルを表わすにも、4成分の同次座標ベクトルを用いる。

回転行列「 T 」とベクトル「 $\boldsymbol{p}$ 」が、

$$T = \begin{pmatrix} T_{00} & T_{01} & T_{02} \\ T_{10} & T_{11} & T_{12} \\ T_{20} & T_{21} & T_{22} \end{pmatrix}; \quad \boldsymbol{p} = \begin{pmatrix} p_x \\ p_y \\ p_z \end{pmatrix}$$

のとき、同次座標回転行列「T_{hom}」、同次座標ベクトル「$\boldsymbol{p}_{\mathrm{hom}}$」、回転後の同次座標ベクトル「$\boldsymbol{p}'_{\mathrm{hom}}$」をそれぞれ、

$$T_{\mathrm{hom}} = \begin{bmatrix} T_{00} & T_{01} & T_{02} & t_x \\ T_{10} & T_{11} & T_{12} & t_y \\ T_{20} & T_{21} & T_{22} & t_z \\ 0 & 0 & 0 & h \end{bmatrix}; \quad \boldsymbol{p}_{\mathrm{hom}} = \begin{bmatrix} p_x \\ p_y \\ p_z \\ 1 \end{bmatrix}; \quad \boldsymbol{p}'_{\mathrm{hom}} = \begin{bmatrix} p'_x \\ p'_y \\ p'_z \\ p'_h \end{bmatrix}$$

とする。

我々は深入りしなかったが、行列の計算方法から次のことが言える。

$$\begin{aligned} \boldsymbol{p}'_{\mathrm{hom}} &= T_{\mathrm{hom}}\boldsymbol{p}_{\mathrm{hom}} \\ &= T\boldsymbol{p} + \boldsymbol{t} \end{aligned}$$

ここにベクトル $\boldsymbol{t}$ は、

$$\boldsymbol{t} = \begin{pmatrix} t_x \\ t_y \\ t_z \end{pmatrix}$$

である。

同次座標回転行列によって、平行移動までも掛け算で演算できたのである。普通は、回転後の同次座標ベクトル「$\boldsymbol{p}'_{\mathrm{hom}}$」の第4成分が「1」になるように全成分を「$p'_h$」で割った「$\boldsymbol{p}''_{\mathrm{hom}}$」が回転後のベクトルとして扱われる。

$$\boldsymbol{p}''_{\mathrm{hom}} = \frac{1}{p'_h}\boldsymbol{p}'_{\mathrm{hom}}$$

第6章

クォータニオンによる３次元の回転

我々は**3次元のベクトルのほとんどすべて**についてすでに知っている。ベクトルの表現の仕方を知っているし、ベクトルの線形和の性質も、回転の方法も知っている。ベクトルの外積さえも知っている(知らないのはベクトルの微分だけである)。それでもなお、我々は3次元ベクトルを調べる。

これから、我々は3次元の位置ベクトルと回転を「クォータニオン」で表わす。クォータニオンを用いる利点は、3次元のベクトルが「数」としての性質をもつことである(ちょうど2次元のベクトルを複素数で表わせたように)。

3次元のベクトルをクォータニオンで表わすと、3次元のベクトルの裏に隠れたある性質が顔を出すことになる。3次元のベクトルには1個のスカラーがいつも「セットで」付いてくるのである。

この章では、

- 位置を表わすクォータニオン。
- クォータニオンによる回転と球面線形補間。
- クォータニオンが複素行列で表わされること。

を調べる。

6.1 位置を表わすクォータニオン

2次元の場合、ある位置ベクトル「 $\boldsymbol{p}$ 」を複素数「 $\boldsymbol{P}$ 」で表わすことは、

$$\boldsymbol{p} = \begin{pmatrix} p_x \\ p_y \end{pmatrix} = \boldsymbol{e}_\mu p_\mu; \quad p_x = \begin{pmatrix} 1 \\ 0 \end{pmatrix}; \quad p_y = \begin{pmatrix} 0 \\ 1 \end{pmatrix}$$

から、

$$\boldsymbol{P} = p_x + \boldsymbol{i} p_y = \boldsymbol{s}_\mu p_\mu; \quad s_x = 1; \quad s_y = \boldsymbol{i}$$

への移行であった。もちろん、ベクトル「 $\boldsymbol{p}$ 」とベクトル「 $\boldsymbol{P}$ 」は同じ位置を表わしている。違うのは、基底ベクトルの表現の仕方(行列風のカッコか、複素数か)だけである。

3次元の場合も同じような移行方法が見付かっている。いま、3次元のベクトル「 $\boldsymbol{p}$ 」が、

$$\boldsymbol{p} = \begin{pmatrix} p_x \\ p_y \\ p_z \end{pmatrix} = \boldsymbol{e}_\mu p_\mu; \quad p_x = \begin{pmatrix} 1 \\ 0 \\ 0 \end{pmatrix}; \quad p_y = \begin{pmatrix} 0 \\ 1 \\ 0 \end{pmatrix}; \quad p_z = \begin{pmatrix} 0 \\ 0 \\ 1 \end{pmatrix}$$

であったとしよう。我々は次のように移行する。

$$\boldsymbol{P} = \boldsymbol{s}_\mu p_\mu; \quad \boldsymbol{s}_x = \begin{pmatrix} 0 & \boldsymbol{i} \\ \boldsymbol{i} & 0 \end{pmatrix}; \quad \boldsymbol{s}_y = \begin{pmatrix} 0 & 1 \\ -1 & 0 \end{pmatrix}; \quad \boldsymbol{s}_z = \begin{pmatrix} \boldsymbol{i} & 0 \\ 0 & -\boldsymbol{i} \end{pmatrix}$$

である。これらの新しい基底ベクトル「$\boldsymbol{s}_\mu$」を使うと、ベクトル「$\boldsymbol{P}$」は、

$$\boldsymbol{P} = \begin{pmatrix} \boldsymbol{i}p_z & p_y + \boldsymbol{i}p_x \\ -p_y + \boldsymbol{i}p_x & -\boldsymbol{i}p_z \end{pmatrix}$$

と書ける。ベクトル「$\boldsymbol{P}$」は行列だと思うと、

$$\boldsymbol{P}^\dagger + \boldsymbol{P} = 0$$

なので、反エルミート行列である。

6.1.1 基底ベクトルの正規直交性と外積の存在

さて、先ほどの「$\boldsymbol{s}_x, \boldsymbol{s}_y, \boldsymbol{s}_z$」は本当に基底ベクトルとして用いてよいのであろうか。まず、行列の内積の定義を思い出さないといけない。実行列の内積の定義が、

$$\langle A, B \rangle = \frac{1}{2}\mathrm{tr}(A^{\mathrm{t}}B) \qquad \cdots\cdots（実行列の内積）$$

であったので（式(4.2)参照）、複素行列の内積を、

複素行列の内積：

$$\langle A, B \rangle = \frac{1}{2}\mathrm{tr}(A^{\mathrm{t}}B)$$

と定義する。すると、

$$\langle \boldsymbol{s}_x, \boldsymbol{s}_y \rangle = \langle \boldsymbol{s}_y, \boldsymbol{s}_z \rangle = \langle \boldsymbol{s}_z, \boldsymbol{s}_x \rangle = 0$$

であるから、「$\boldsymbol{s}_x, \boldsymbol{s}_y, \boldsymbol{s}_z$」は互いに直交することが分かる。また、複素行列「$A$」のノルムを、

$$\|A\|^2 = \langle A, A\rangle = \frac{1}{2}\,\mathrm{tr}(A^\dagger A)$$

で定義すると、

$$\boldsymbol{s}_x^\dagger \boldsymbol{s}_x = \boldsymbol{s}_y^\dagger \boldsymbol{s}_y = \boldsymbol{s}_z^\dagger \boldsymbol{s}_z = \boldsymbol{1}$$

より、

$$\|\boldsymbol{s}_x\| = \|\boldsymbol{s}_y\| = \|\boldsymbol{s}_z\| = 1$$

であるから、「$\boldsymbol{s}_x, \boldsymbol{s}_y, \boldsymbol{s}_z$」はそれぞれ正規化されていることが分かる。すなわち、ベクトルの組「$\{\boldsymbol{s}_x, \boldsymbol{s}_y, \boldsymbol{s}_z\}$」は正規直交座標系の基底ベクトルである。

ところで、3次元正規直交座標系の特徴は、基底ベクトルについて、

$$\boldsymbol{e}_x \times \boldsymbol{e}_y = \boldsymbol{e}_z; \quad \boldsymbol{e}_y \times \boldsymbol{e}_z = \boldsymbol{e}_x; \quad \boldsymbol{e}_z \times \boldsymbol{e}_x = \boldsymbol{e}_y$$

であるような外積演算子「×」が定義できることである。ここで、

$$\boldsymbol{s}_x^\dagger \boldsymbol{s}_y = -\boldsymbol{s}_x \boldsymbol{s}_y = \boldsymbol{s}_z; \quad \boldsymbol{s}_y^\dagger \boldsymbol{s}_z = -\boldsymbol{s}_y \boldsymbol{s}_z = \boldsymbol{s}_x; \quad \boldsymbol{s}_z^\dagger \boldsymbol{s}_x = -\boldsymbol{s}_z \boldsymbol{s}_x = \boldsymbol{s}_x = \boldsymbol{s}_y$$

より、

$$\boldsymbol{s}_\mu \times \boldsymbol{s}_\nu = \boldsymbol{s}_\mu \boldsymbol{s}_\nu; \quad \mu, \nu \in \{x, y, z\}$$

と外積演算子「×」を定義できるので、基底ベクトルの外積も存在する。

6.1.2 ベクトルの線形和と内積

ここでもう一度、ベクトル「$\boldsymbol{p} = \boldsymbol{e}_\mu p_\mu$」とベクトル「$\boldsymbol{P} = \boldsymbol{s}_\mu p_\mu$」は基底ベクトルの表わし方が違うだけで、同じ位置を指していることに注意しよう。

また、「$\boldsymbol{e}_\mu$」と「$\boldsymbol{s}_\mu$」は双方とも正規直交系であるから、ベクトル「$\boldsymbol{p}$」について成り立った、「ベクトルの和」「ベクトルの実数倍」と「線形和の演算則」はそのままベクトル「$\boldsymbol{P}$」についても成り立つ。それどころか、ベクトルの「内積」「ノルム」についてもそのまま成り立つ。

たとえば、

$$\boldsymbol{p} = \boldsymbol{e}_\mu p_\mu; \quad \boldsymbol{P} = \boldsymbol{s}_\mu p_\mu; \quad \boldsymbol{q} = \boldsymbol{e}_\mu q_\mu; \quad \boldsymbol{Q} = \boldsymbol{s}_\mu q_\mu$$

のとき、

$$\langle \boldsymbol{p}, \boldsymbol{q} \rangle = \langle \boldsymbol{P}, \boldsymbol{Q} \rangle = p_\mu q_\mu$$

である。

確認しておこう。ベクトル「$\boldsymbol{P}$」とベクトル「$\boldsymbol{Q}$」の和をベクトル「$\boldsymbol{R}$」とすると、

$$\begin{aligned}
\boldsymbol{R} &= \boldsymbol{P} + \boldsymbol{Q} \\
&= \begin{pmatrix} \boldsymbol{i}p_z & p_y + \boldsymbol{i}p_x \\ -p_y + \boldsymbol{i}p_z & -\boldsymbol{i}p_z \end{pmatrix} + \begin{pmatrix} \boldsymbol{i}q_z & q_y + \boldsymbol{i}q_x \\ -q_y + \boldsymbol{i}q_z & -\boldsymbol{i}q_z \end{pmatrix} \\
&= \begin{pmatrix} \boldsymbol{i}(p_z + q_z) & (p_y + q_y) + \boldsymbol{i}(p_x + q_x) \\ -(p_y + q_y) + \boldsymbol{i}(p_x + q_x) & -\boldsymbol{i}(p_z + q_z) \end{pmatrix}
\end{aligned}$$

で、

$$r_\mu = p_\mu + q_\mu$$

が成り立っている。

ベクトル「$\boldsymbol{P}$」を実数「a」倍してみると、

$$\begin{aligned}
\boldsymbol{P}' &= a\boldsymbol{P} \\
&= a \begin{pmatrix} \boldsymbol{i}p_z & p_y + \boldsymbol{i}p_x \\ -p_y + \boldsymbol{i}p_x & -\boldsymbol{i}p_z \end{pmatrix} \\
&= \begin{pmatrix} \boldsymbol{i}ap_z & ap_y + \boldsymbol{i}ap_x \\ -ap_y + \boldsymbol{i}ap_x & -\boldsymbol{i}ap_z \end{pmatrix}
\end{aligned}$$

であるから、ベクトル「$a\boldsymbol{P}$」の各成分は、

$$ap_\mu$$

となっていて、これまでの知識と一致する。

続けて、ベクトル「 $\boldsymbol{P}$ 」とベクトル「 $\boldsymbol{Q}$ 」の内積を調べておこう。

$$\begin{aligned}\langle P,Q\rangle &= \boldsymbol{P}^{\dagger}\boldsymbol{Q} \\ &= \frac{1}{2}\mathrm{tr}\left(\begin{pmatrix} -\boldsymbol{i}p_z & -p_y-\boldsymbol{i}p_x \\ p_y-\boldsymbol{i}p_x & \boldsymbol{i}p_z \end{pmatrix}\begin{pmatrix} \boldsymbol{i}q_z & q_y+\boldsymbol{i}q_x \\ -q_y+\boldsymbol{i}q_x & -\boldsymbol{i}q_z \end{pmatrix}\right) \\ &= \frac{1}{2}\mathrm{tr}\begin{pmatrix} p_xq_x+p_yq_y+p_zq_z & \cdots \\ \cdots & p_xq_x+p_yq_y+p_zq_z \end{pmatrix} \\ &= p_xq_x+p_yq_y+p_zq_z\end{aligned}$$

であるので、ちゃんと各成分の和になっている。

6.1.3 ベクトル同士の積とクォータニオン

これまでは、ベクトル同士の積など考えられなかったが、いまやベクトル「 $\boldsymbol{P}$ 」は正方行列のような形をしている。そこで、ベクトル同士の積がいったいどうなるのか、調べてみよう。

ベクトル同士の積を計算してみる前に、確認しておくべきことがある。いま、ベクトル「 $\boldsymbol{p}$ 」とベクトル「 $\boldsymbol{q}$ 」の外積を、

$$\boldsymbol{l}=\boldsymbol{p}\times\boldsymbol{q};\quad \boldsymbol{p}=\boldsymbol{e}_{\mu}p_{\mu};\quad \boldsymbol{q}=\boldsymbol{e}_{\mu}q_{\mu}$$

としよう。もちろんベクトル「 $\boldsymbol{l}$ 」は、

$$\boldsymbol{l}=\boldsymbol{e}_{\mu}l_{\mu}$$

と書ける。そこで、成分に「 l_{μ} 」をもち、基底に「 $\boldsymbol{s}_{\mu}$ 」をもつベクトル「 $\boldsymbol{L}$ 」を考えよう。

$$\boldsymbol{L}=\boldsymbol{s}_{\mu}l_{\mu}=\boldsymbol{s}_{\mu}(\boldsymbol{p}\times\boldsymbol{q})_{\mu}$$

もちろん基底が違うだけで、ベクトル「 $\boldsymbol{l}$ 」とベクトル「 $\boldsymbol{L}$ 」は同じものである。そこで、ベクトル「 $\boldsymbol{P},\boldsymbol{Q}$ 」を、

$$\boldsymbol{P}=\boldsymbol{s}_{\mu}p_{\mu};\quad \boldsymbol{Q}=\boldsymbol{s}_{\mu}q_{\mu}$$

としたとき、

$$\boldsymbol{P}\times\boldsymbol{Q}=\boldsymbol{L}$$

というふうに（行列版の）外積演算子「×」を定義しよう。

さて、ベクトル「 $\boldsymbol{P}$ 」とベクトル「 $\boldsymbol{Q}$ 」の積を求めてみる。答が簡単になるように、積「 $\boldsymbol{PQ}$ 」の代わりに「 $-\boldsymbol{PQ}$ 」を求めてみる。

$$
\begin{aligned}
-\boldsymbol{PQ} &= \begin{pmatrix} -\boldsymbol{i}p_z & -p_y - \boldsymbol{i}p_x \\ p_y - \boldsymbol{i}p_x & \boldsymbol{i}p_z \end{pmatrix} \begin{pmatrix} \boldsymbol{i}q_z & q_y + \boldsymbol{i}q_x \\ -q_y + \boldsymbol{i}q_x & -\boldsymbol{i}q_z \end{pmatrix} \\
&= \begin{pmatrix} p_xq_x + p_yq_y + p_zq_z + \boldsymbol{i}(p_xq_y - p_yq_x) & p_zq_x - p_xq_z + \boldsymbol{i}(p_yq_z - p_zq_y) \\ -(p_zq_x - p_xq_z) + \boldsymbol{i}(p_yq_z - p_zq_y) & p_xq_x + p_yq_y + p_zq_z - \boldsymbol{i}(p_xq_y - p_yq_x) \end{pmatrix} \\
&= \mathbf{1}\langle \boldsymbol{p}, \boldsymbol{q} \rangle + \begin{pmatrix} \boldsymbol{i}(p_xq_y - p_yq_x) & p_zq_x - p_xq_z + \boldsymbol{i}(p_yq_z - p_zq_y) \\ -(p_zq_x - p_xq_z) + \boldsymbol{i}(p_yq_z - p_zq_y) & -\boldsymbol{i}(p_xq_y - p_yq_x) \end{pmatrix} \\
&= \mathbf{1}\langle \boldsymbol{p}, \boldsymbol{q} \rangle + \boldsymbol{s}_x(p_yq_z - p_zq_y) + \boldsymbol{s}_y(p_zq_x - p_xq_z) + \boldsymbol{s}_z(p_xq_y - p_yq_x) \\
&= \mathbf{1}\langle \boldsymbol{p}, \boldsymbol{q} \rangle + \boldsymbol{s}_x(\boldsymbol{p} \times \boldsymbol{q})_x + \boldsymbol{s}_y(\boldsymbol{p} \times \boldsymbol{q})_y + \boldsymbol{s}_z(\boldsymbol{p} \times \boldsymbol{q})_z \\
&= \mathbf{1}\langle \boldsymbol{p}, \boldsymbol{q} \rangle + \sum_{\mu=\{x,y,z\}} \boldsymbol{s}_\mu(\boldsymbol{p} \times \boldsymbol{q})_\mu \\
&= \mathbf{1}\langle \boldsymbol{P}, \boldsymbol{Q} \rangle + \boldsymbol{P} \times \boldsymbol{Q}
\end{aligned}
$$

掛け算を実行すると、内積と外積が出てきた。

ところで、掛け算の性質とは、

$$A = BC; \quad A, B, C \in \text{何がしかの「数」}$$

であった。ベクトル「 $\boldsymbol{P}$ 」とベクトル「 $\boldsymbol{Q}$ 」は基底を、

$$\{\boldsymbol{s}_x, \boldsymbol{s}_y, \boldsymbol{s}_z\}$$

としていたのに、積「 $\boldsymbol{PQ}$ 」の基底は、

$$\{\mathbf{1}, \boldsymbol{s}_x, \boldsymbol{s}_y, \boldsymbol{s}_z\}$$

になってしまった。つまり、

$$\boldsymbol{PQ} = \mathbf{1}w + \boldsymbol{s}_x x + \boldsymbol{s}_y y + \boldsymbol{s}_z; \quad w, x, y, z \in \mathbb{R}$$

の形になってしまった。

そこで、

$$\tilde{P} = \mathbf{1}p_w + \boldsymbol{P}; \quad \tilde{Q} = \mathbf{1}q_w + \boldsymbol{Q}; \quad p_w, q_w \in \mathbb{R}$$

として、積「 $\tilde{P}\tilde{Q}$ 」が、

$$\tilde{P}\tilde{Q} = \mathbf{1}w + \boldsymbol{s}_x x + \boldsymbol{s}_y y + \boldsymbol{s}_z; \quad w, x, y, z \in \mathbb{R}$$

の形になるかどうか調べてみよう。

$$\begin{aligned}\tilde{P}\tilde{Q} &= (\mathbf{1}p_w + \boldsymbol{P})(\mathbf{1}q_w + Q) \\ &= \mathbf{1}p_w q_w + q_w \boldsymbol{P} + p_w \boldsymbol{q} + PQ \\ &= \mathbf{1}(p_w q_w - \langle \boldsymbol{P}, \boldsymbol{Q} \rangle) + (p_w \boldsymbol{Q} - q_w \boldsymbol{P} - \boldsymbol{P} \times \boldsymbol{Q})\end{aligned}$$

であって、確かに「$\tilde{P}\tilde{Q}$」は、

$$\tilde{P}\tilde{Q} = \mathbf{1}w + \boldsymbol{s}_x x + \boldsymbol{s}_y y + \boldsymbol{s}_z; \quad w, x, y, z \in \mathbb{R}$$

の形になっている。

そこで、

$$\{\mathbf{1}, \boldsymbol{s}_x, \boldsymbol{s}_y, \boldsymbol{s}_z\}$$

を基底とする**拡張ベクトル**、

$$\tilde{P} = \mathbf{1}p_w + \sum_{\mu=\{x,y,z\}} \boldsymbol{s}_\mu p_\mu$$

を考える。この拡張ベクトルは和と積が定義できたので、「数」として振舞うと言える。ただし、$\tilde{P}$ から普通のベクトル「$\boldsymbol{p}$」に戻す場合は、

$$\boldsymbol{p} = \sum_{\mu=\{x,y,z\}} \boldsymbol{e}_\mu p_\mu$$

であったから、成分「p_w」は捨てる。

この拡張ベクトル「$\tilde{P}$」は、「クォータニオン」である。

6.2 クォータニオンによる回転

我々はどういうわけか、位置を表わすクォータニオンを手に入れた。クォータニオン「$\tilde{P}$」が**第1章**で触れたクォータニオンと一致するかどうかは後回しにして、次は回転を表わすクォータニオンを調べてみる。

6.2.1 ベクトルの回転

あるベクトル「 $\boldsymbol{p}$ 」の、ある回転軸「 $\boldsymbol{r}$ 」(ただし、「$\|\boldsymbol{r}\| = 1$」とする)まわりの ϑ 回転を思い出そう。ベクトル「 $\boldsymbol{p}$ 」とベクトル「 $\boldsymbol{r}$ 」が垂直であった場合、すなわち直交した場合、外積を使って、

$$\boldsymbol{p}' = \boldsymbol{p}\cos\vartheta + \boldsymbol{r}\times\boldsymbol{p}\sin\vartheta \tag{6.1}$$

であった。ただし、「 $\boldsymbol{p}'$ 」は回転後のベクトルである。もし、ベクトル「 $\boldsymbol{p}$ 」とベクトル「 $\boldsymbol{r}$ 」が直交しない場合は、

$$\boldsymbol{p}' = \boldsymbol{p}\cos\vartheta + \boldsymbol{r}\times\boldsymbol{p}\cos\vartheta + \boldsymbol{r}\langle\boldsymbol{r},\boldsymbol{p}\rangle(1-\cos\vartheta)$$

としなければならなかった。

2次元の回転が複素数を使うことによって美しくなったように、3次元の回転もクォータニオンを使えば美しくまとめることができる。

まず、

$$\begin{aligned}
U &= \mathbf{1}\cos\vartheta + \boldsymbol{R}\sin\vartheta \\
&= \mathbf{1}\cos\vartheta + \boldsymbol{s}_\mu r_\mu \sin\vartheta \\
&= \begin{pmatrix} \cos\vartheta & 0 \\ 0 & \cos\vartheta \end{pmatrix} + \begin{pmatrix} \boldsymbol{i}r_z\sin\vartheta & r_y\sin\vartheta + \boldsymbol{i}r_x\sin\vartheta \\ -r_y\sin\vartheta + \boldsymbol{i}r_x\sin\vartheta & -\boldsymbol{i}r_z\sin\vartheta \end{pmatrix} \\
&= \begin{pmatrix} \cos\vartheta + \boldsymbol{i}r_z\sin\vartheta & r_y\sin\vartheta + \boldsymbol{i}r_x\sin\vartheta \\ -r_y\sin\vartheta + \boldsymbol{i}r_x\sin\vartheta & \cos\vartheta - \boldsymbol{i}r_z\sin\vartheta \end{pmatrix}
\end{aligned}$$

なるクォータニオン「 U 」を定義する。なお、今後は単位行列「 $\mathbf{1}$ 」を省略することにする。そこで、

$$\tilde{U} = \cos\vartheta + \boldsymbol{R}\sin\vartheta$$

と表わすことになる。

クォータニオン「 U 」のエルミート共役「 $U^\dagger$ 」は、共役クォータニオン「 U^* 」と同じ、すなわち、

$$U^\dagger = \begin{pmatrix} \cos\vartheta - \boldsymbol{i}r_z\sin\vartheta & -r_y\sin\vartheta - \boldsymbol{i}r_x\sin\vartheta \\ r_y\sin\vartheta - \boldsymbol{i}r_x\sin\vartheta & \cos\vartheta + \boldsymbol{i}r_z\sin\vartheta \end{pmatrix}$$
$$= \cos\vartheta - R\sin\vartheta$$
$$= U^*$$

である。

さて、クォータニオン「U」の共役「U^*」をベクトル「$\boldsymbol{P}$」の左側に掛けてみよう。

$$\begin{aligned} U^*\boldsymbol{P} &= (\cos\vartheta - \boldsymbol{R}\sin\vartheta)\boldsymbol{P} \\ &= \boldsymbol{P}\cos\vartheta - \boldsymbol{R}\boldsymbol{P}\sin\vartheta \\ &= \boldsymbol{P}\cos\vartheta + \boldsymbol{R}\times\boldsymbol{P}\sin\vartheta + \langle\boldsymbol{R},\boldsymbol{P}\rangle\sin\vartheta \end{aligned}$$

最後の展開に「$-\boldsymbol{R}\boldsymbol{P} = \langle\boldsymbol{R},\boldsymbol{P}\rangle + \boldsymbol{R}\times\boldsymbol{P}$」の関係を使った。

上式は外積を使った3次元ベクトルの回転の式とよく似ている。とくにベクトル「$\boldsymbol{R}$」とベクトル「$\boldsymbol{P}$」が直交する場合、上式は、

$$U^*\boldsymbol{P} = \boldsymbol{P}\cos\vartheta + \boldsymbol{R}\times\boldsymbol{P}\sin\vartheta$$

となるので、

$$\boldsymbol{P}' = U^*\boldsymbol{P}$$

とすれば、**式(6.1)**と完全に一致する。

問題は、ベクトル「$\boldsymbol{R}$」とベクトル「$\boldsymbol{P}$」が直交しない場合である。この問題を解決するために、「$U^*\boldsymbol{P}$」の右側からもう一度「U」を掛けてみる。

$$
\begin{aligned}
U^*PU &= (\boldsymbol{P}\cos\vartheta + \boldsymbol{R}\times\boldsymbol{P}\sin\vartheta + \langle\boldsymbol{R},\boldsymbol{P}\rangle\sin\vartheta)U \\
&= \boldsymbol{P}U\cos\vartheta + (\boldsymbol{R}\times P)U\sin\vartheta + U\langle\boldsymbol{R},\boldsymbol{P}\rangle\sin\vartheta \\
&= \boldsymbol{P}(\cos\vartheta + \boldsymbol{R}\sin\vartheta)\cos\vartheta \\
&\quad + (\boldsymbol{R}\times\boldsymbol{P})(\cos\vartheta + \boldsymbol{R}\sin\vartheta)\sin\vartheta \\
&\quad + (\cos\vartheta + \boldsymbol{R}\sin\vartheta)\langle\boldsymbol{R},\boldsymbol{P}\rangle\sin\vartheta \\
&= \boldsymbol{P}\cos^2\vartheta + \boldsymbol{PR}\cos\vartheta\sin\vartheta \\
&\quad + \boldsymbol{R}\times\boldsymbol{P}\cos\vartheta\sin\vartheta + (\boldsymbol{R}\times P)\boldsymbol{R}\sin^2\vartheta \\
&\quad + \langle\boldsymbol{R},\boldsymbol{P}\rangle\cos\vartheta\sin\vartheta + \boldsymbol{R}\langle\boldsymbol{R},\boldsymbol{P}\rangle\sin^2\vartheta \\
&= \boldsymbol{P}\cos^2\vartheta + \boldsymbol{R}\times\boldsymbol{P}\cos\vartheta\sin\vartheta - \langle\boldsymbol{R},\boldsymbol{P}\rangle\cos\vartheta\sin\vartheta \\
&\quad + \boldsymbol{R}\times\boldsymbol{P}\cos\vartheta\sin\vartheta - \boldsymbol{R}\times\boldsymbol{P}\times\boldsymbol{R}\sin^2\vartheta - \langle\boldsymbol{R}\times P,\boldsymbol{R}\rangle\sin^2\vartheta \\
&\quad + \langle\boldsymbol{R},\boldsymbol{P}\rangle\cos\vartheta\sin\vartheta + \boldsymbol{R}\langle\boldsymbol{R},\boldsymbol{P}\rangle\sin^2\vartheta \\
&\qquad\qquad \ldots(\text{ここで } -\boldsymbol{AB} = \langle\boldsymbol{A},\boldsymbol{B}\rangle + \boldsymbol{A}\times\boldsymbol{B} \text{ の関係を利用した}) \\
&= \boldsymbol{P}\cos^2\vartheta + \boldsymbol{R}\times\boldsymbol{P}\cos\vartheta\sin\vartheta - \langle\boldsymbol{R},\boldsymbol{P}\rangle\cos\vartheta\sin\vartheta \\
&\quad + \boldsymbol{R}\times\boldsymbol{P}\cos\vartheta\sin\vartheta - (\boldsymbol{P}\langle R,R\rangle - \boldsymbol{R}\langle R,P\rangle)\sin^2\vartheta - 0 \\
&\quad + \langle\boldsymbol{R},\boldsymbol{P}\rangle\cos\vartheta\sin\vartheta + \boldsymbol{R}\langle\boldsymbol{R},\boldsymbol{P}\rangle\sin^2\vartheta \\
&\qquad\qquad \ldots(\text{ここでベクトル 3 重積の公式を利用した}) \\
&= \boldsymbol{P}\cos^2\vartheta + \boldsymbol{R}\times\boldsymbol{P}\cos\vartheta\sin\vartheta - \langle\boldsymbol{R},\boldsymbol{P}\rangle\cos\vartheta\sin\vartheta \\
&\quad + \boldsymbol{R}\times\boldsymbol{P}\cos\vartheta\sin\vartheta - \boldsymbol{P}\sin^2\vartheta + \boldsymbol{R}\langle\boldsymbol{R},\boldsymbol{P}\rangle\sin^2\vartheta - 0 \\
&\quad + \langle\boldsymbol{R},\boldsymbol{P}\rangle\cos\vartheta\sin\vartheta + \boldsymbol{R}\langle\boldsymbol{R},\boldsymbol{P}\rangle\sin^2\vartheta \\
&= \boldsymbol{P}(\cos^2\vartheta - \sin^2\vartheta) + \boldsymbol{R}\times\boldsymbol{P}(2\cos\vartheta\sin\vartheta) + \boldsymbol{R}\langle\boldsymbol{R},\boldsymbol{P}\rangle(2\sin^2\vartheta) \\
&= \boldsymbol{P}\cos 2\vartheta + \boldsymbol{R}\times\boldsymbol{P}\sin 2\vartheta + \boldsymbol{R}\langle\boldsymbol{R},P\rangle(1-\cos 2\vartheta)
\end{aligned}
$$

式変形の最後で、

$$\cos 2x = \cos^2 x - \sin^2 x; \quad \sin 2x = 2\cos x\sin x$$

の関係を利用した(この関係は「倍角の公式」として有名であるが、覚える必要はない。2次元の回転行列から簡単に求められる)。

ともかく、「U^*PU」を計算すると、外積を利用した3次元ベクトルの回転、

$$\boldsymbol{p}' = \boldsymbol{p}\cos\vartheta + \boldsymbol{r}\times\boldsymbol{p}\cos\vartheta + \boldsymbol{r}\langle\boldsymbol{r},\boldsymbol{p}\rangle(1-\cos\vartheta)$$

とそっくりな式が得られた。ただし、元の式は回転角 ϑ がすべて2倍になっていて、このままでは2 ϑ 回転になってしまう。そこで、

$$U(\theta) = \cos\frac{\theta}{2} + R\sin\frac{\theta}{2}$$

と定義し直そう。これで、任意の3次元の回転は、

$$\boldsymbol{P}' = U^*\boldsymbol{P}U$$

と書ける。

特に、「$\boldsymbol{r} = \boldsymbol{e}_x$」の場合の回転を「$U_x(\theta)$」とし、「$\boldsymbol{r} = \boldsymbol{e}_y$」の場合の回転を「$U_y(\theta)$」とし、「$\boldsymbol{r} = \boldsymbol{e}_z$」の場合の回転を「$U_z(\theta)$」とすると、

$$\begin{aligned}
U_x(\theta) &= \cos\frac{\theta}{2} + \boldsymbol{s}_x\sin\frac{\theta}{2} \\
&= \begin{pmatrix} \cos(\theta/2) & \boldsymbol{i}\sin(\theta/2) \\ \boldsymbol{i}\sin(\theta/2) & \cos(\theta/2) \end{pmatrix} \\
U_y(\theta) &= \cos(\theta/2) + \boldsymbol{s}_y\sin(\theta/2) \\
&= \begin{pmatrix} \cos(\theta/2) & \sin(\theta/2) \\ -\sin(\theta/2) & \cos(\theta/2) \end{pmatrix} \\
U_z(\theta) &= \cos(\theta/2) + \boldsymbol{s}_z\sin(\theta/2) \\
&= \begin{pmatrix} \cos(\theta/2) + \boldsymbol{i}\sin(\theta/2) & 0 \\ 0 & \cos(\theta/2) - \boldsymbol{i}\sin(\theta/2) \end{pmatrix}
\end{aligned}$$

である。これらの「U_x, U_y, U_z」はこれまでの「T_x, T_y, T_z」に対応する回転行列である。回転行列「U」は、特殊ユニタリ行列である。

なお、OpenGLでは「クォータニオンもどき」を使った回転の指定ができる。回転軸を表わす単位ベクトルを「$\boldsymbol{r} = \boldsymbol{e}_\mu r_\mu$」として、回転角を「$\theta$」としたとき、

$$r_x, r_y, r_z, \theta$$

を順に引数にとる関数「glRotate{f,d}」がOpenGLには用意されている。
(どこが「もどき」かと言えば、「$\theta/2$」の代わりに「θ」を指定するところがクォータニオンと違うからである)。

次に例をあげる。

```
void foo ()
{
    draw_box () ;                  箱を描く
    glRotatef (0, 0, 1, 30) ;      (0,0,1)軸(z軸)まわりに30度回転
    draw_box () ;                  箱を描く
}
```

回転行列「T」を用いた回転では、回転を合成していって誤差が蓄積する前に、

$$T' = \frac{T}{\det T}$$

として正規化する必要があると述べた。クォータニオン「U」を使った場合も事情はまったく同様で、ときどき、

$$U' = \frac{U}{\det U}$$

として正規化してやる必要がある。ただし、

$$U(\theta) = \cos\frac{\theta}{2} + \boldsymbol{s}_\mu r_\mu \sin\frac{\theta}{2}; \quad \boldsymbol{r} = \boldsymbol{e}_\mu r_\mu$$

とすると、「$\det U = 1$」の条件は、

$$||\boldsymbol{r}|| = 1$$

と同じなので、「r_x, r_y, r_z」だけを正規化してもよい。

もちろん、回転は回転行列で表わすこともできる。回転前のベクトルを「$\boldsymbol{p}$」、回転後のベクトルを「$\boldsymbol{p}'$」として、

$$\boldsymbol{p} = \boldsymbol{e}_\mu p_\mu; \quad \boldsymbol{p}' = \boldsymbol{e}_\mu p'_\mu; \quad \boldsymbol{P} = \boldsymbol{s}_\mu p_\mu; \quad \boldsymbol{P}' = \boldsymbol{s}_\mu p'_\mu$$

のとき、

$$\boldsymbol{p}' = T\boldsymbol{p} \quad \text{かつ} \quad \boldsymbol{P}' = U^* \boldsymbol{P} U$$

が成り立つから、成分ごとに展開すれば、「U」と「T」の関係は一意に求まる。本書では結果だけを示しておく。

回転角「θ」、回転軸「$\boldsymbol{R}$」の回転を表わすクォータニオン「U」は、

$$U = \cos\frac{\theta}{2} + \boldsymbol{R}\sin\frac{\theta}{2}; \quad \boldsymbol{R} = \boldsymbol{s}_\mu r_\mu$$

である。対応する回転行列「T」は、

$$U = U_w + \boldsymbol{s}_x U_x + \boldsymbol{s}_y U_y + \boldsymbol{s}_z U_z = \begin{pmatrix} U_w + \boldsymbol{i}U_z & U_y + \boldsymbol{i}U_x \\ -U_y + \boldsymbol{i}U_x & U_w - \boldsymbol{i}U_z \end{pmatrix}$$

としたとき、

$$T = \begin{pmatrix} 1 - 2{U_y}^2 - 2{U_z}^2 & 2U_xU_y + 2U_zU_w & 2U_zU_x - 2U_wU_y \\ 2U_xU_y - 2U_zU_w & 1 - 2{U_z}^2 - 2{U_x}^2 & 2U_yU_z + 2U_xU_w \\ 2U_zU_x - 2U_wU_y & 2U_yU_z - 2U_wU_x & 1 - 2{U_x}^2 - 2{U_y}^2 \end{pmatrix}$$

である。ここであらためて「U_w, U_x, U_y, U_z」の中身を書くと、

$$U_w = \cos\frac{\theta}{2}$$

$$U_\mu = r_\mu \sin\frac{\theta}{2}; \quad \mu \in \{x, y, z\}$$

である。

回転をクォータニオンで表わす利点は、どのような回転が行なわれるのか直感的に理解しやすいことであろう。

また、回転の合成は容易に計算できる。たとえば、z軸まわりにθまわすクォータニオン「$U_z(\theta)$」があり、y軸まわりにϕまわすクォータニオン「$U_y(\phi)$」があったとすると、その合成回転を表わすクォータニオン「U'」は（θ回転のほうを先に行なうとすると）、

$$U' = U_y(\phi)U_z(\theta)$$

である。このときも回転はもちろん、

$$\boldsymbol{P}' = (U')^* \boldsymbol{P} U'$$

と行なう

6.2.2 クォータニオンの回転

前節では、ベクトル「$\boldsymbol{P}$」をクォータニオン「U」で回転させてみた。ベクトル「$\boldsymbol{P}$」は、

$$\boldsymbol{P} = p_w + \sum_{\mu=\{x,y,z\}} \boldsymbol{s}_\mu p_\mu; \quad p_w = 0$$

でクォータニオンの特別な場合であるが、ここはひとつ一般のクォータニオン、

$$\tilde{P} = p_w + \sum_{\mu=\{x,y,z\}} \boldsymbol{s}_\mu p_\mu = p_w + \boldsymbol{P}; \quad p_w \neq 0$$

を回転させたらどうなるかを考えてみよう。

まず「$U^*\tilde{P}$」がどうなるか調べよう。ここでは「$\vartheta = \theta/2$」とする。

$$\begin{aligned} U^*(p_w + \boldsymbol{P}) &= (\cos\vartheta - \boldsymbol{R}\sin\vartheta)(p_w + \boldsymbol{P}) \\ &= p_w\cos\vartheta - \boldsymbol{R}p_w\sin\vartheta + \boldsymbol{P}\cos\vartheta - \boldsymbol{R}\boldsymbol{P}\sin\vartheta \\ &= p_w\cos\vartheta - \boldsymbol{R}p_w\sin\vartheta + \boldsymbol{P}\cos\vartheta + \boldsymbol{R}\times\boldsymbol{P}\sin\vartheta + \langle\boldsymbol{R},\boldsymbol{P}\rangle\sin\vartheta \end{aligned}$$

この結果を利用して「$U^*\tilde{P}U$」を調べてみよう。

$$
\begin{aligned}
U^{*}\tilde{P}U &= (p_w\cos\vartheta - \boldsymbol{R}p_w\sin\vartheta + \boldsymbol{P}\cos\vartheta + \boldsymbol{R}\times\boldsymbol{P}\sin\vartheta + \langle\boldsymbol{R},\boldsymbol{P}\rangle\sin\vartheta)U \\
&= Up_w\cos\vartheta - \boldsymbol{R}Up_w\sin\vartheta + \boldsymbol{P}U\cos\vartheta + (\boldsymbol{R}\times\boldsymbol{P})U\sin\vartheta + U\langle\boldsymbol{R},\boldsymbol{P}\rangle\sin\vartheta \\
&= (\cos\vartheta + \boldsymbol{R}\sin\vartheta)p_w\cos\vartheta \\
&\qquad - \boldsymbol{R}(\cos\vartheta + \boldsymbol{R}\sin\vartheta)p_w\sin\vartheta \\
&\qquad + \boldsymbol{P}(\cos\vartheta + \boldsymbol{R}\sin\vartheta)\cos\vartheta \\
&\qquad + (\boldsymbol{R}\times\boldsymbol{P})(\cos\vartheta + \boldsymbol{R}\sin\vartheta)\sin\vartheta \\
&\qquad + (\cos\vartheta + \boldsymbol{R}\sin\vartheta)\langle\boldsymbol{R},\boldsymbol{P}\rangle\sin\vartheta \\
&= p_w\cos^2\vartheta + \boldsymbol{R}p_w\cos\vartheta\sin\vartheta \\
&\qquad - \boldsymbol{R}p_w\cos\vartheta\sin\vartheta + \boldsymbol{R}\times\boldsymbol{R}p_w\sin^2\vartheta + \langle\boldsymbol{R},\boldsymbol{R}\rangle p_w\sin^2\vartheta \\
&\qquad + \boldsymbol{P}\cos^2\vartheta + \boldsymbol{P}\boldsymbol{R}\cos\vartheta\sin\vartheta \\
&\qquad + \boldsymbol{R}\times\boldsymbol{P}\cos\vartheta\sin\vartheta + (\boldsymbol{R}\times\boldsymbol{P})\boldsymbol{R}\sin^2\vartheta \\
&\qquad + \langle\boldsymbol{R},\boldsymbol{P}\rangle\cos\vartheta\sin\vartheta + \boldsymbol{R}\langle\boldsymbol{R},\boldsymbol{P}\rangle\sin^2\vartheta \\
&= p_w\cos^2\vartheta \\
&\qquad + p_w\sin^2\vartheta \\
&\qquad + \boldsymbol{P}\cos^2\vartheta + \boldsymbol{R}\times\boldsymbol{P}\cos\vartheta\sin\vartheta - \langle\boldsymbol{R},\boldsymbol{P}\rangle\cos\vartheta\sin\vartheta \\
&\qquad + \boldsymbol{R}\times\boldsymbol{P}\cos\vartheta\sin\vartheta - \boldsymbol{R}\times\boldsymbol{P}\times\boldsymbol{R}\sin^2\vartheta - \langle\boldsymbol{R}\times\boldsymbol{P},\boldsymbol{R}\rangle\sin^2\vartheta \\
&\qquad + \langle\boldsymbol{R},\boldsymbol{P}\rangle\cos\vartheta\sin\vartheta + \boldsymbol{R}\langle\boldsymbol{R},\boldsymbol{P}\rangle\sin^2\vartheta \\
&= p_w\cos^2\vartheta + p_w\sin^2\vartheta \\
&\qquad + \boldsymbol{P}\cos^2\vartheta + \boldsymbol{R}\times\boldsymbol{P}\cos\vartheta\sin\vartheta - \langle\boldsymbol{R},\boldsymbol{P}\rangle\cos\vartheta\sin\vartheta \\
&\qquad + \boldsymbol{R}\times\boldsymbol{P}\cos\vartheta\sin\vartheta - (\boldsymbol{P}\langle\boldsymbol{R},\boldsymbol{R}\rangle - \boldsymbol{R}\langle\boldsymbol{R},\boldsymbol{P}\rangle)\sin^2\vartheta \\
&\qquad + \langle\boldsymbol{R},\boldsymbol{P}\rangle\cos\vartheta\sin\vartheta + \boldsymbol{R}\langle\boldsymbol{R},\boldsymbol{P}\rangle\sin^2\vartheta \\
&= p_w(\cos^2\vartheta + \sin^2\vartheta) \\
&\qquad + \boldsymbol{P}\cos^2\vartheta + \boldsymbol{R}\times\boldsymbol{P}\cos\vartheta\sin\vartheta - \langle\boldsymbol{R},\boldsymbol{P}\rangle\cos\vartheta\sin\vartheta \\
&\qquad + \boldsymbol{R}\times\boldsymbol{P}\cos\vartheta\sin\vartheta - \boldsymbol{P}\sin^2\vartheta + \boldsymbol{R}\langle\boldsymbol{R},\boldsymbol{P}\rangle\sin^2\vartheta \\
&\qquad + \langle\boldsymbol{R},\boldsymbol{P}\rangle\cos\vartheta\sin\vartheta + \boldsymbol{R}\langle\boldsymbol{R},\boldsymbol{P}\rangle\sin^2\vartheta \\
&= p_w(\cos^2\vartheta + \sin^2\vartheta) \\
&\qquad + \boldsymbol{P}(\cos^2\vartheta - \sin^2\vartheta) + \boldsymbol{R}\times\boldsymbol{P}(2\cos\vartheta\sin\vartheta) + \boldsymbol{R}\langle\boldsymbol{R},\boldsymbol{P}\rangle(2\sin^2\vartheta) \\
&= p_w + \boldsymbol{P}\cos 2\vartheta + \boldsymbol{R}\times\boldsymbol{P}\sin 2\vartheta + \boldsymbol{R}\langle\boldsymbol{R},\boldsymbol{P}\rangle(1-\cos 2\vartheta) \\
&= p_w + \boldsymbol{P}\cos\theta + \boldsymbol{R}\times\boldsymbol{P}\sin\theta + \boldsymbol{R}\langle\boldsymbol{R},\boldsymbol{P}\rangle(1-\cos\theta) \\
&= p_w + \boldsymbol{P}'
\end{aligned}
$$

長かったが、結論を言うとこうなる。

クォータニオン「$p_w + \boldsymbol{P}$」を回転させると「$p_w + \boldsymbol{P}'$」になる。つまり、「p_w」は回転によって変化しない。回転によって変化しないものを我々は「スカラー」と呼ぶ。クォータニオン「$\tilde{P} = p_w + \boldsymbol{P}$」のうち「$p_w$」を**スカラー成分**、「$\boldsymbol{P}$」を**ベクトル成分**と呼ぶのはこういう理由である。

まとめると、次のようになる。

回転軸を「$\boldsymbol{r} = \boldsymbol{e}_\mu r_\mu$」とする。ただし「$\|\boldsymbol{r}\| = 1$」とする。この回転軸まわりにベクトル「$\boldsymbol{p} = \boldsymbol{e}_\mu p_\mu$」を θ 回転させたベクトル「$\boldsymbol{p}' = \boldsymbol{e}_\mu p'_\mu$」は、

$$\tilde{P}' = U^* P U$$

で求められる。ここに、

$$\tilde{P} = p_w + \boldsymbol{s}_\mu p_\mu \quad \ldots \text{ただし } p_w \text{ は任意の実数}$$
$$U = \cos\frac{\theta}{2} + \boldsymbol{s}_\mu r_\mu \sin\frac{\theta}{2}$$
$$\tilde{P}' = p_w + \boldsymbol{s}_\mu p_\mu$$

であって、実数「p_w」は回転の前後で値を変えない。

6.2.3 球面線形補間

いま互いに独立なベクトル「ξ」(グザイ)と「η」(イータ)があるとしよう。ベクトル「ξ」とベクトル「η」の間にベクトル「ζ」(ゼータ)を内挿したいとすると、ベクトル「ζ」はベクトル「ξ」およびベクトル「η」と共通の平面上にあるから、何がしかの実数関数「$f_x(t)$」と「$f_y(t)$」を使って、

$$\boldsymbol{\zeta} = f_x(t)\boldsymbol{\xi} + f_y(t)\boldsymbol{\eta}$$

と表わすことができる。ここで、「t」は「ζ」の「ξ」(または「η」)への近さを表わすパラメータで、唯一の条件は、

$$\begin{cases} \boldsymbol{\zeta} = \boldsymbol{\xi}; & t = 0 \text{ のとき} \\ \boldsymbol{\zeta} = \boldsymbol{\eta}; & t = 1 \text{ のとき} \end{cases}$$

であることである。

最も素直で単純な補間（内挿）は**図6.1**のような**線形補間**であろう。線形補間は、

$$f_x(t) = 1 - t; \quad f_y(t) = t$$

である。

線形補間の場合は、パラメータ「t」がベクトル「ξ」とベクトル「η」を結ぶ直線上で、ベクトル「ζ」がいる場所の分割比を表わしている。たとえば、「$t = 0.1$」ならばベクトル「ζ」は「ξ」が90パーセントで「η」が10パーセントの割合で「配合されている」というイメージである。もちろん、「$t = 0.5$」でベクトル「ζ」はベクトル「ξ」「η」の中間（足して2で割ったところ）になる。

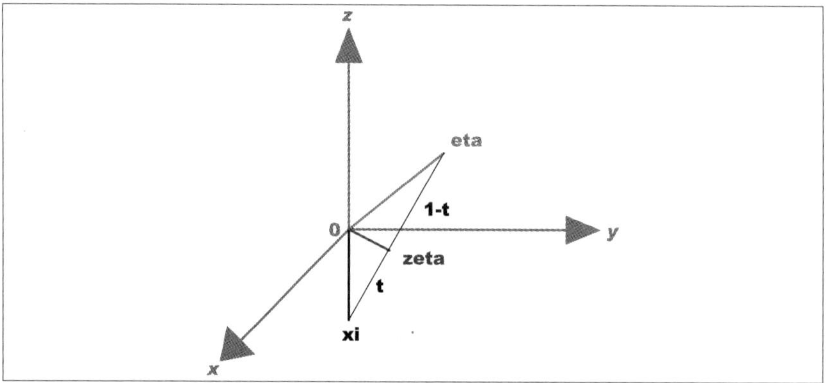

図6.1　３次元ベクトルの線形補間

ところで、もし、

$$\|\boldsymbol{\xi}\| = \|\boldsymbol{\eta}\| = 1$$

のとき、補間されたベクトル「$\boldsymbol{r}$」についても、

$$\|\boldsymbol{\zeta}\| = 1$$

であってほしい場合もあるであろう。また、線形補間のときと同じように、パラメータ「t」が「配合」の割合（ベクトル「ξ」とベクトル「η」を結ぶ円弧上でのベクトル「ζ」がいる場所の分割比）であってほしいであろう。この要求を満たす補間を球面線形補間と呼ぶ。**球面線形補間**の例を**図6.2**にあげる。線形補間は球面線形補間の性質を満たさない。

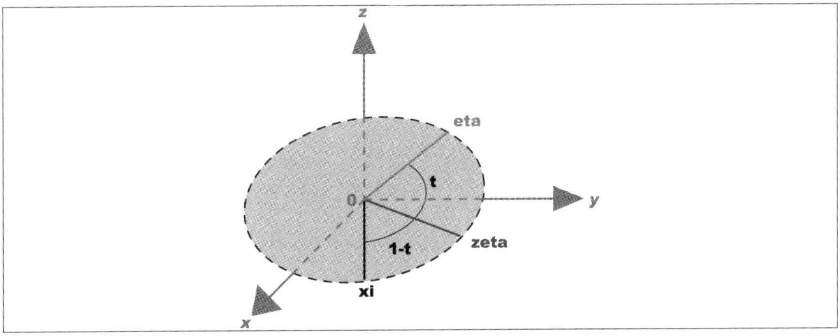

図6.2 3次元ベクトルの球面線形補間(1)

もし、ベクトル「ξ」とベクトル「η」が直交していれば、

$$f_x'(t) = \cos\left(\frac{\pi}{2}t\right); \quad f_y'(t) = \sin\left(\frac{\pi}{2}t\right)$$

を使うと球面線形補間ができる。上式は「$(1-t)$」を復活させて、

$$f_x'(t) = \sin\left(\frac{\pi}{2}(1-t)\right); \quad f_y'(t) = \sin\left(\frac{\pi}{2}t\right)$$

とも書ける。

ベクトル「ξ」とベクトル「η」が直交しない一般の場合は、ベクトル「ξ」に直交するようなベクトル「η'」を図6.3のように作ればよい。外積の性質を用いると、

$$\boldsymbol{\eta}' = \boldsymbol{\omega} \times \boldsymbol{\xi}; \quad \boldsymbol{\omega} = \boldsymbol{\xi} \times \boldsymbol{\eta}$$

と作ることができる。

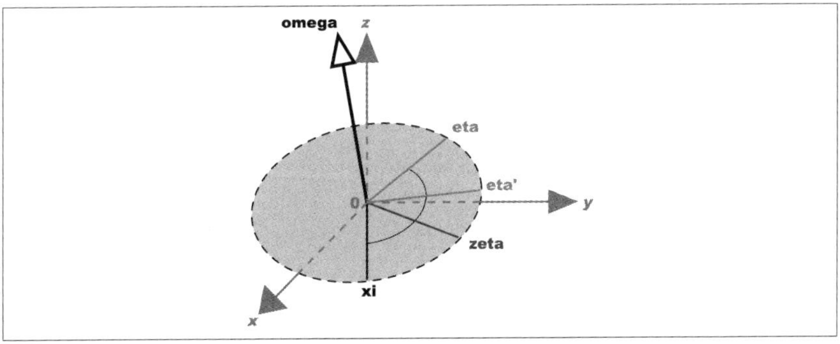

図6.3 3次元ベクトルの球面線形補間(2)

ただし、ベクトル「η'」のノルムはベクトル「ξ」およびベクトル「η」が直交しない限り「1」にならず、一般に「$||\boldsymbol{\omega}||$」であるので、補間関数には「$1/||\boldsymbol{\omega}||$」の補正項が必要である。すなわち、

$$f_x''(t) = \frac{\sin(\pi(1-t)/2)}{||\boldsymbol{\omega}||}$$
$$f_y'' = \frac{\sin(\pi t/2)}{||\boldsymbol{\omega}||}$$

としておくと、

$$\boldsymbol{\zeta} = f_x''(t)\boldsymbol{\xi} + f_y''\boldsymbol{\eta}'$$

と球面線形補間できる。後の仕上げは上式に現われる「η'」を「η」で置き換えることであるが、これは「t」の係数「π /2」をベクトル「ξ」とベクトル「η」のなす角「θ」で置き換えれば達せられる。

また、「θ」を使えば、

$$||\boldsymbol{\omega}|| = \sin\theta$$

であるので、

$$f_x'''(t) = \frac{\sin(\theta(1-t))}{\sin\theta}$$
$$f_y'''(t) = \frac{\sin(\theta t)}{\sin\theta}$$

を使って、

$$\boldsymbol{\zeta} = f_x'''(t)\boldsymbol{\xi} + f_y'''(t)\boldsymbol{\eta}$$

とすれば、任意のベクトルの球面線形補間ができる。

球面線形補間をクォータニオンを使って行なってみよう。

$$\boldsymbol{\xi} = \boldsymbol{e}_\mu \xi_\mu; \quad \boldsymbol{\eta} = \boldsymbol{e}_\mu \eta_\mu; \quad \boldsymbol{\zeta} = \boldsymbol{e}_\mu \zeta_\mu$$

としたとき、

$$X = s_\mu \xi_\mu; \quad Y = s_\mu \eta_\mu; \quad Z = s_\mu \zeta_\mu$$

としてみる。また、

$$\|X\| = \|Y\| = \|Z\| = 1$$

としておこう。

球面線形補間関数「$f(t)$」は要するに回転の一種であるので、「$f(t)$」に対応するクォータニオン「$F(t)$」があると仮定しよう。ここで、

$$Z = F^*(t) X F(t)$$

であるとする。また、

$$F(0) = 1$$

とする。

あるクォータニオン「G」があって、

$$Y = G^* X G$$

であるとする。明らかに「$t = 1$」で「$Z = Y$」でなければならないから、「$Z = Y$」のときの補間関数「$F(1)$」は、

$$F(1) = G$$

である。

ところで、「$F(1)$」は回転を表わすクォータニオンであるから、

$$F(1) = G = \cos\vartheta + s_\mu g_\mu \sin\vartheta \tag{6.2}$$

と書ける。ここで「ϑ」は「ξ」と「η」から決まる定数（ベクトル「ξ」と「η」のなす角の半分）であり、「g_μ」は、

$$\boldsymbol{g} = \boldsymbol{\xi} \times \boldsymbol{\eta} \tag{6.3}$$

なるベクトル「$\boldsymbol{g}$」の成分である。ここで**式(6.2)**にパラメータ「t」が隠れていると思い込んで、

$$F(t) = \cos(\vartheta t) + \boldsymbol{s}_\mu g_\mu \sin(\vartheta t)$$

としてみる（もちろん「$F(0) = 1$」である）。そうすると、補間の式は、

$$\boldsymbol{Z} = F^*(t)\boldsymbol{X}F(t)$$

となるが、ここで「t」を「$0 \to 1$」と変化させると、「$\boldsymbol{Z}$」は「$\boldsymbol{X} \to \boldsymbol{Y}$」と連続的に、かつ「$||\boldsymbol{Z}||$」を保ちながら変化する。これがクォータニオン版の球面線形補間の式である。

もし、ベクトル「ξ, η」が単位ベクトルでなかった場合は、**式(6.3)**の代わりに、

$$\boldsymbol{g} = \frac{\boldsymbol{\xi} \times \boldsymbol{\eta}}{||\boldsymbol{\xi} \times \boldsymbol{\eta}||}$$

を使えばよい。

6.3 クォータニオン=対角行列+反エルミート行列

ここで、疑問の種明かしをしよう。**第1章**では、クォータニオンとは、

$$\tilde{A} = A_w + \boldsymbol{K}A_x + \boldsymbol{J}A_y + \boldsymbol{I}A_z; \quad A_w, A_x, A_y, A_z \in \mathbb{R}$$

なる「数」であると言った（「$\boldsymbol{I}$」と「$\boldsymbol{K}$」が入れ替わっているが、気にしないでもらいたい）。この章では、クォータニオンとは、

$$\tilde{P} = p_w + \boldsymbol{s}_x p_x + \boldsymbol{s}_y p_y + \boldsymbol{s}_z p_z; \quad p_w, p_x, p_y, p_z \in \mathbb{R}$$

なる「拡張された」ベクトルであると言った。

実はどちらも正しい。

というのは、基底ベクトル「$\boldsymbol{s}_x, \boldsymbol{s}_y, \boldsymbol{s}_z$」の性質、

$$\boldsymbol{s}_x\boldsymbol{s}_x = \boldsymbol{s}_y\boldsymbol{s}_y = \boldsymbol{s}_z\boldsymbol{s}_z = \boldsymbol{s}_x\boldsymbol{s}_y\boldsymbol{s}_z = -\mathbf{1}$$
$$\boldsymbol{s}_x\boldsymbol{s}_y = -\boldsymbol{s}_y\boldsymbol{s}_x = -\boldsymbol{s}_z$$
$$\boldsymbol{s}_y\boldsymbol{s}_z = -\boldsymbol{s}_z\boldsymbol{s}_y = -\boldsymbol{s}_x$$
$$\boldsymbol{s}_z\boldsymbol{s}_x = -\boldsymbol{s}_x\boldsymbol{s}_z = -\boldsymbol{s}_y$$

は、そのままクォータニオン単位「$\boldsymbol{I},\boldsymbol{J},\boldsymbol{K}$」の性質にあてはまる。実際、

$$\boldsymbol{I} = \boldsymbol{s}_z; \quad \boldsymbol{J} = \boldsymbol{s}_y; \quad \boldsymbol{K} = \boldsymbol{s}_x$$

であって、これがクォータニオンの正体である。クォータニオン「$\tilde{A}$」は、

$$\tilde{A} = 1A_w + \boldsymbol{K}A_x + \boldsymbol{J}A_y + \boldsymbol{I}A_z$$
$$= \mathbf{1}A_w + \sum_{\mu=\{x,y,z\}} \boldsymbol{s}_\mu A_\mu$$

なる行列（対角行列「$\mathbf{1}A_w$」と反エルミート行列「$\boldsymbol{s}_\mu A_\mu$」の和）だったのである。

次のコードの例は、Quaternionクラスを使ってベクトルの回転を計算する例である。

```
void foo ()
{
    Quaternion r = 0, p = 0, p_prime = 0;      ← r, p, p'
    const double theta = 30;                   ← 回転角（度）
    p[3] = 1;                                  ← pのx 成分=1
    p[2] = 2;                                  ← pのy 成分=2
    p[1] = 3;                                  ← pのz 成分=3
    r[3] = 1 * std::sin (theta / 2) ;          ← rのx成分
    r[2] = 0 * std::sin (theta / 2) ;          ← rのy成分
    r[1] = 0 * std::sin (theta / 2) ;          ← rのx成分
    r[0] = std::cos (theta / 2) ;              ← rのw成分
    p_prime = conj (r)  * p * r;               ← p'=(r*)pr
}
```

ところで、「 i 」を掛けると我々の基底ベクトル「$\boldsymbol{s}_x, \boldsymbol{s}_y, \boldsymbol{s}_z$」になるような量「$\boldsymbol{\sigma}_x, \boldsymbol{\sigma}_y, \boldsymbol{\sigma}_z$」を考える。つまり、

$$i\boldsymbol{\sigma}_\mu = \boldsymbol{s}_\mu$$

なる「 $\boldsymbol{\sigma}_\mu$ 」を考える。この「 $\boldsymbol{\sigma}_\mu$ 」は「**パウリ行列**」と呼ばれる重要な量である。

パウリ行列は、

パウリ行列の定義：

$$\boldsymbol{\sigma}_x = \begin{pmatrix} 0 & 1 \\ 1 & 0 \end{pmatrix}; \quad \boldsymbol{\sigma}_y = \begin{pmatrix} 0 & -\boldsymbol{i} \\ \boldsymbol{i} & 0 \end{pmatrix}; \quad \boldsymbol{\sigma}_z = \begin{pmatrix} 1 & 0 \\ 0 & -1 \end{pmatrix}$$

である。上述の定義の他に、

$$\boldsymbol{\sigma}_w = \boldsymbol{1}$$

を加えてパウリ行列とする場合も多い。

パウリ行列を使って回転行列を定義し直すと、

3次元回転の複素行列の定義：

$$U_\mu(\theta) = \boldsymbol{1}\cos\frac{\theta}{2} + \boldsymbol{i}\boldsymbol{\sigma}_\mu \sin\frac{\theta}{2}$$

である。上式は、複素数による2次元回転の**式（4.1）**とよく似ている。

この章のまとめ

● 位置ベクトル「 $\boldsymbol{p} = \boldsymbol{e}_\mu p_\mu$ 」があるとき、

$$\boldsymbol{P} = \boldsymbol{s}_\mu p_\mu; \quad \boldsymbol{s}_x = \begin{pmatrix} 0 & \boldsymbol{i} \\ \boldsymbol{i} & 0 \end{pmatrix}; \quad \boldsymbol{s}_y = \begin{pmatrix} 0 & 1 \\ -1 & 0 \end{pmatrix}; \quad \boldsymbol{s}_z = \begin{pmatrix} \boldsymbol{i} & 0 \\ 0 & -\boldsymbol{i} \end{pmatrix}$$

なるベクトル「 $\boldsymbol{P}$ 」は（位置を表わす）クォータニオンである。

● 回転軸を表わす単位ベクトルを「 $\boldsymbol{r} = \boldsymbol{e}_\mu r_\mu$ 」、回転角を「 θ 」としたとき、

$$U = \boldsymbol{1}\cos\frac{\theta}{2} + \boldsymbol{R}\sin\frac{\theta}{2}; \quad \boldsymbol{R} = \boldsymbol{s}_\mu r_\mu$$

なるクォータニオン「U」は回転行列である。ベクトル「$\boldsymbol{P}$」は次のように回転する。

$$\boldsymbol{P}' = U^* \boldsymbol{P} U; \quad U^* = U^\dagger$$

● ベクトル「$\boldsymbol{P}$」にスカラー「p_w」を加えた**拡張ベクトル**「$\tilde{P}$」すなわち、

$$\tilde{P} = p_w + \boldsymbol{P}$$

はクォータニオンである。クォータニオン「$\tilde{P}$」を位置を表わすクォータニオンと同じ方法で回転させると、

$$\tilde{P}' = p_w + \boldsymbol{P}' = U^* \tilde{P} U; \quad \boldsymbol{P}' = U^* \boldsymbol{P} U$$

で、「p_w」は変化しない。

● 単位ベクトル「$\boldsymbol{X}, \boldsymbol{Y}$」の中間に単位ベクトル「$\boldsymbol{Z}$」を球面線形補間する場合、ベクトル「$\boldsymbol{X}, \boldsymbol{Y}$」のなす角を「$\theta$」とすると、

$$\boldsymbol{Z} = F^*(t) \boldsymbol{X} F(t); \quad F(t) = \cos\frac{\theta t}{2} + \boldsymbol{G} \sin\frac{\theta t}{2}; \quad \boldsymbol{G} = \boldsymbol{X} \times \boldsymbol{Y}$$

である。ただし、「$0 \leq t \leq 1$」とする。

● **パウリ行列の定義**

$$\boldsymbol{\sigma}_x = \begin{pmatrix} 0 & 1 \\ 1 & 0 \end{pmatrix}; \quad \boldsymbol{\sigma}_y = \begin{pmatrix} 0 & -\boldsymbol{i} \\ \boldsymbol{i} & 0 \end{pmatrix}; \quad \boldsymbol{\sigma}_z = \begin{pmatrix} 1 & 0 \\ 0 & -1 \end{pmatrix}$$

● **第1章**のクォータニオン**単位とパウリ行列の関係**

$$\boldsymbol{K} = \boldsymbol{i}\boldsymbol{\sigma}_x; \quad \boldsymbol{J} = \boldsymbol{i}\boldsymbol{\sigma}_y; \quad \boldsymbol{I} = \boldsymbol{i}\boldsymbol{\sigma}_z$$

ウェッジ積

3次元空間の基底ベクトルを「$\boldsymbol{e}_\mu$」とする。ただし、「$\mu \in \{x,y,z\}$」である。この空間内に2つのベクトル「$\boldsymbol{p},\boldsymbol{q}$」があるとしよう。ただし、

$$\boldsymbol{p} = \boldsymbol{e}_\mu p_\mu; \quad \boldsymbol{q} = \boldsymbol{e}_\mu p_\mu$$

とする。

基底ベクトルについて、次のような法則の新しい演算子「$\wedge$」(「ウェッジ」と読む)を定義する。

$$\boldsymbol{e}_\mu \wedge \boldsymbol{e}_\nu = \begin{cases} 0 & \mu = \nu \text{ のとき} \\ -\boldsymbol{e}_\nu \wedge \boldsymbol{e}_\mu & \mu \neq \nu \text{ のとき} \end{cases}$$

$$(a\boldsymbol{e}_\mu + b\boldsymbol{e}_\nu) \wedge \boldsymbol{e}_\lambda = a\boldsymbol{e}_\mu \wedge \boldsymbol{e}_\lambda + b\boldsymbol{e}_\nu \wedge \boldsymbol{e}_\lambda$$

2つのベクトル「$\boldsymbol{p},\boldsymbol{q}$」から新しいベクトル「$\boldsymbol{h}$」を、

$$\boldsymbol{h} = \boldsymbol{p} \wedge \boldsymbol{q}$$

のように作る。

新しいベクトル「$\boldsymbol{h}$」は、次のように展開できる。

$$\begin{aligned}\boldsymbol{h} &= (\boldsymbol{e}_x p_x + \boldsymbol{e}_y p_y + \boldsymbol{e}_z p_z) \wedge (\boldsymbol{e}_x q_x + \boldsymbol{e}_y q_y + \boldsymbol{e}_z q_z) \\ &= \boldsymbol{e}_x \wedge \boldsymbol{e}_x p_x q_x + \boldsymbol{e}_x \wedge \boldsymbol{e}_y p_x q_y + \boldsymbol{e}_x \wedge \boldsymbol{e}_z p_x q_z \\ &\quad + \boldsymbol{e}_y \wedge \boldsymbol{e}_x p_y q_x + \boldsymbol{e}_y \wedge \boldsymbol{e}_y p_y q_y + \boldsymbol{e}_y \wedge \boldsymbol{e}_z p_y q_z \\ &\quad + \boldsymbol{e}_z \wedge \boldsymbol{e}_x p_z q_x + \boldsymbol{e}_z \wedge \boldsymbol{e}_y p_z q_y + \boldsymbol{e}_z \wedge \boldsymbol{e}_z p_z q_z \\ &= \boldsymbol{e}_x \wedge \boldsymbol{e}_y (h_{xy} - h_{yx}) + \boldsymbol{e}_y \wedge \boldsymbol{e}_z (h_{yz} - h_{zy}) + \boldsymbol{e}_z \wedge \boldsymbol{e}_x (h_{zx} - h_{xz})\end{aligned}$$

ただし、

$$h_{\mu\nu} = p_\mu q_\nu$$

とした。

このようにして出来た「$\boldsymbol{h}$」は基底に「$\boldsymbol{e}_x \wedge \boldsymbol{e}_y, \boldsymbol{e}_y \wedge \boldsymbol{e}_z, \boldsymbol{e}_z \wedge \boldsymbol{e}_x$」をもつ新しいベクトルで、「2-ベクトル」と呼ばれる(これまでのベクトルは「1-ベクトル」である)。

ここで、

$$\star : \boldsymbol{e}_x \wedge \boldsymbol{e}_y \mapsto \boldsymbol{e}_z,\ \boldsymbol{e}_y \wedge \boldsymbol{e}_z \mapsto \boldsymbol{e}_x,\ \boldsymbol{e}_z \wedge \boldsymbol{e}_x \mapsto \boldsymbol{e}_y$$

という置き換え「 $\star$ 」を用意しよう。すると、

$$\star\boldsymbol{h} = \boldsymbol{e}_x(h_{yz} - h_{zy}) + \boldsymbol{e}_y(h_{zx} - h_{xz}) + \boldsymbol{e}_z(h_{xy} - h_{yx})$$

となる。この1-ベクトル「 $\star\boldsymbol{h}$ 」のことを、「3次元ベクトル $\boldsymbol{p}, \boldsymbol{q}$ の外積」と呼んでいたのである。置き換え「 $\star$ 」は、3次元の「ホッジ演算子」と呼ばれる。

抽象化の力

本書では「数」の性質を抽象化することで、実数もクォータニオンも「数」であることを示した。

コンピュータ科学ではこのような抽象化はたびたび行なわれている。たとえば、本を本棚に並べるときに、皆さんはどのような方法で並べるだろうか。五十音順に並べることも「ハッシュ関数」を用いてバラバラに並べることも、どちらも「タイトル→保存場所」という写像なのである。

五十音順のほうは、いざ本を取り出すときに二分探索が必要になるため、冊数の対数 (log) に比例した手順が必要になるのに対し、ハッシュ関数を用いてばら撒いた場合にはハッシュの計算だけで済むため、冊数に関係なく目的の本を見つけられる。

つまり、本は「並べた状態」よりも「ばら撒いた」ほうが見つけやすいのである。

このように直感に反するようなアルゴリズムさえ、抽象化の力によって見つかるのである。読者の皆さんもぜひ、抽象化の力を身につけてもらいたい。

第7章

テンソルとスピノール

第7章 テンソルとスピノール

クォータニオンによって位置ベクトルを表わした場合、いつも「w成分」というスカラーがついてまわった。なぜだろうか。

ベクトルという概念を掘り下げると、「テンソル」という概念が生まれる。そして、クォータニオンを詳しく調べると、そこにはテンソルの下部構造ともいうべき世界が見えてくるのである。

この章では、

- ベクトルとテンソル
- スピノール
- スピノールのテンソル積とクォータニオン

について見る。

7.1 テンソル

テンソルはもともと物理学で物体のひずみや緊張(テンション)の度合いを表わすのに考え出された量である。ここでは、これまでのベクトルからテンソルを合成することで、テンソルの姿に近づこう。

7.1.1 ベクトルはテンソルである

これまでベクトル $\boldsymbol{p}$ を、

$$\boldsymbol{p} = \boldsymbol{e}_\mu p_\mu$$

という了解のもとで記号 $\boldsymbol{p}$ で表わしてきた。今後は、上記の了解のもと、ベクトル $\boldsymbol{p}$ を記号 p_μ で表わすことにしよう。ベクトルの回転は回転行列 T を使って、

$$\boldsymbol{p}' = T\boldsymbol{p}$$

と表わしてきたが、これからは回転行列の成分「$T_{\mu\nu}$」を使って、

$$p'_\nu = T_{\mu\nu} p_\mu$$

と表わそう。

いま、ふたつのベクトル「p_κ」と「q_λ」から、

$$V_{\kappa\lambda} = p_\kappa q_\lambda \tag{7.1}$$

なる量「$V_{\kappa\lambda}$」を作ったとしよう。量「$V_{\kappa\lambda}$」を回転させようと思った場合は、

$$\begin{aligned} V'_{\kappa\lambda} &= p'_{\kappa}q'_{\lambda} \\ &= (T_{\mu\kappa}p_{\mu})(T_{\nu\lambda}q_{\nu}) \\ &= T_{\mu\kappa}T_{\nu\lambda}p_{\mu}q_{\nu} \\ &= T_{\mu\kappa}T_{\nu\lambda}V_{\mu\nu} \end{aligned}$$

となるので、結局、

$$V'_{\kappa\lambda} = T_{\mu\kappa}T_{\nu\lambda}V_{\mu\nu}$$

である。ここに「$V_{\mu\nu}$」は**2階テンソル**である。ちなみに、**式(7.1)**は、

$$\boldsymbol{V} = \boldsymbol{p} \otimes \boldsymbol{q}$$

とも書く。ここに、「$\boldsymbol{p} \otimes \boldsymbol{q}$」を「**テンソル積**」と呼ぶ。

このような量「$V_{\mu\nu}$」はいったい何の役にたつのかと言えば、何といってもアインシュタインの相対性理論においてであろう。ひとつだけ例をあげておく。次の式は電磁場中を移動する荷電粒子の運動方程式である。

$$m\frac{d^2}{ds^2}Z_{\mu} = q\left(\frac{d}{ds}Z_{\nu}\right)F_{\mu\nu}; \quad \mu,\nu \in \{t,x,y,z\}$$

ここに、

$$\begin{aligned} m &= (\text{荷電粒子の質量}) \\ q &= (\text{荷電粒子の電荷}) \\ Z_{\mu} &= (\text{荷電粒子の位置ベクトル}) \\ F_{\mu\nu} &= (\text{ファラデーテンソル}) \\ d/ds &= (\text{固有時による微分}) \end{aligned}$$

である。

ファラデーテンソルは電場を「 $\boldsymbol{E}$ 」、磁束密度を「 $\boldsymbol{B}$ 」としたとき、

$$\begin{pmatrix} F_{tt} & F_{tx} & F_{ty} & F_{tz} \\ F_{xt} & F_{xx} & F_{xy} & F_{xz} \\ F_{yt} & F_{yx} & F_{yy} & F_{yz} \\ F_{zt} & F_{zx} & F_{zy} & F_{zz} \end{pmatrix} = \begin{pmatrix} 0 & -E_x & -E_y & -E_z \\ E_x & 0 & -B_z & B_y \\ E_y & B_z & 0 & -B_x \\ E_z & -B_y & B_x & 0 \end{pmatrix}$$

で決まる2階テンソルである。

2階テンソルとは、

$$V'_{\mu\nu} = T_{\mu\kappa} T_{\nu\lambda} V_{\kappa\lambda}$$

という変換を受ける量「 $V_{\kappa\lambda}$ 」のことであって、式の右辺に「 T 」が2回登場するから「2階テンソル」と呼ばれるのである。もちろん、これまでのベクトル「 p_μ 」は、

$$p'_\mu = T_{\mu\nu} p_\nu$$

と変換を受けるから、「**1階テンソル**」である。

スカラー「 S 」は、回転に対して不変であるから、

$$S' = S$$

で回転行列「 T 」が一度も登場しない。そこで、スカラーは「**0階テンソル**」ともいう。

スカラーもこれまでのベクトルも、テンソルの一種であったのである。

7.1.2 テンソルと行列の関係

繰り返すが、ベクトル「 p_μ 」の回転、

$$p'_\nu = T_{\mu\nu}(\theta) p_\mu$$

は行列を使って、

$$\begin{pmatrix} p'_x \\ p'_y \end{pmatrix} = \begin{pmatrix} \cos\theta & -\sin\theta \\ \sin\theta & \cos\theta \end{pmatrix} \begin{pmatrix} p_x \\ p_y \end{pmatrix}$$

と書けた(2次元の場合)。そこで2階テンソルの回転も行列で表わしてみる。いま、

$$V'_{\kappa\lambda} = T_{\mu\kappa} T_{\nu\lambda} V_{\mu\nu}$$

であるので、

$$
\begin{aligned}
V'_{\kappa\lambda} &= T_{\mu\kappa} T_{\nu\lambda} V_{\mu\nu} \\
&= T_{\mu\kappa} V_{\mu\nu} T_{\nu\lambda} \\
&= (T_{\kappa\mu} V_{\mu\nu}) T_{\nu\lambda}
\end{aligned}
$$

と変形できる。ところで行列「 A 」と行列「 B 」の積は、

$$[A_{ij}][B_{ij}] = [\Sigma_k A_{ik} B_{kj}]$$

であったから、

$$T_{\kappa\mu} V_{\mu\nu}$$

は行列の積の形をしている。ただし、もともとの「 $T_{\mu\kappa}$ 」を「 $T_{\kappa\mu}$ 」と添え字の順序を入れ替えているので、行列に直すには転置が必要であって、結局、

$$V'_{\kappa\lambda} = T_{\mu\kappa} T_{\nu\lambda} V_{\mu\nu}$$

と同値な変換として、

$$\boldsymbol{V}' = T^{\mathrm{t}} \boldsymbol{V} T$$

を得る。

7.1.3 テンソルはベクトルである

これまでのベクトルは1階テンソルであったが、本来「ベクトル」とは本書88ページで定義した「T型」の性質をもつ量の総称である。1階テンソルはもちろんベクトルに含まれるが、1階テンソルだけがベクトルではない。そこで、1階テンソルを「狭義のベクトル」と呼ぼう。

1階テンソル以外のベクトルとはどのような量であろうか。実は、n階テンソル（nは自然数すなわち1,2,3,…）はすべからくベクトルなのである。たとえば、3次元の1階テンソル（**1階3元テンソル**と呼ぶ）は3次元のベクトルであるが、3次元の1階テンソル2個から作られる2階3元テンソルは「 $3^2 = 9$ 」で9次元のベクトルである。

こういう意味で、テンソルはベクトルである。我々は、テンソル積を使ってベクトルの階段をのぼってきたのである。次の節では逆にベクトルの階段を降りてみる。ただし、半分だけ降りる。

7.2 スピノール

第5章では1階3元テンソル「 $\boldsymbol{p}$ 」の回転が3×3特殊直交行列「 T 」で、

$$\boldsymbol{p}' = T\boldsymbol{p}$$

のように行われることを見た。この章では、2階3元テンソル「 $\boldsymbol{V}$ 」の回転が3×3特殊直交行列「 T 」で、

$$\boldsymbol{V}' = T^{t}\boldsymbol{V}T$$

のように行なわれることを見た。

一方、**第6章**では1階3元テンソルと**概念的に等しい**クォータニオン「 $\boldsymbol{P}$ 」の回転が特殊ユニタリ行列「 U 」によって、

$$\boldsymbol{P}' = U^{\dagger}\boldsymbol{P}U$$

と行なわれることを見た。ということは、

$$\boldsymbol{X}' = U\boldsymbol{X}$$

となるような**半分クォータニオン**はあるだろうか。

表7.1　変換量はどう変換されるか

変換量	特殊直交行列による回転		特殊ユニタリ行列による回転
0階テンソル	$S' = S$		$S' = S$
1/2階テンソル?	—	↗	$\boldsymbol{X}' = U\boldsymbol{X}$
1階テンソル	$\boldsymbol{p}' = T\boldsymbol{p}$	↗	$\boldsymbol{P}' = U^{\dagger}PU$
2階テンソル	$\boldsymbol{V}' = T^{t}\boldsymbol{V}T$	↗	…

スカラーを「0階テンソル」、ベクトルを「1階テンソル」と呼ぶことにして**表7.1**のように並べてみると、ここで我々が探しているものは「0階テンソルと1階テンソルの間」にある、「1/2階テンソル」のようなものである。それは「**スピノール**」と呼ばれる。

回転のクォータニオン「 U 」を使って、

$$\boldsymbol{X}' = U\boldsymbol{X}$$

と変化する複素2成分量、

$$\boldsymbol{X} = \begin{pmatrix} X_u \\ X_v \end{pmatrix}; \quad X_u, X_v \in \mathbb{C}$$

を考える。この $\boldsymbol{X}$ がスピノールである。また、

$$\boldsymbol{X}^* = \begin{pmatrix} -X_v & X_u \end{pmatrix}$$

はスピノール「$\boldsymbol{X}$」の**共役スピノール**である(これが共役スピノールである理由は省略する)。

スピノールの際立った特徴は、その変換性にある。一般にテンソルは2 π 回転で元に戻る。すなわち、

$$T(2\pi)\boldsymbol{p} = \boldsymbol{p}$$

である。しかし、スピノールは2 π 回転で符号が入れ替わる。すなわち、

$$U_\mu(2\pi)\boldsymbol{X} = -\boldsymbol{X}; \quad \mu \in \{x, y, z\}$$

である。

スピノールを考えると何が嬉しいのだろうか。それを次の節で見てみよう。

7.3 テンソル=スピノール×スピノール

いよいよスピノールが正体を現わした。実は、スピノールもまた物理学から生まれた量である。もともとは電子のスピンを記述するのに用いられたのであるが、我々はスピノールの数学的側面にスポットライトをあてる。

7.3.1 スピノールのスカラー積

2個のスピノール $\boldsymbol{X}$ と $\boldsymbol{Y}$ のスカラー積を作ってみる。

$$\begin{aligned} S &= \langle \boldsymbol{X}, \boldsymbol{Y} \rangle \\ &= \boldsymbol{X}^* \boldsymbol{Y} \\ &= X_u Y_v - X_v Y_u \end{aligned}$$

このスピノールをz軸まわりに回転させてみる。

$$\boldsymbol{X}' = U_z\boldsymbol{X}; \quad \boldsymbol{Y}' = U_z\boldsymbol{Y}$$

こんどは回転後のスピノール「$\boldsymbol{X}'$」と「$\boldsymbol{Y}'$」のスカラー積を作ってみる。

$$\begin{aligned} S' &= \langle \boldsymbol{X}', \boldsymbol{Y}' \rangle \\ &= \boldsymbol{X}'^* \boldsymbol{Y}' \\ &= X'_u Y'_v - X'_v Y'_u \end{aligned}$$

ところで、

$$U_z(\theta) = \begin{pmatrix} \cos(\theta/2) + i\sin(\theta/2) & 0 \\ 0 & \cos(\theta/2) - i\sin(\theta/2) \end{pmatrix}$$

であったから、

$$\upsilon = \cos(\theta/2) + i\sin(\theta/2); \quad \upsilon^* = \cos(\theta/2) - i\sin(\theta/2)$$

と複素数「υ」(ウプシロン)を定義すると、スピノール「$\boldsymbol{X}', \boldsymbol{Y}'$」の各成分は、

$$\begin{pmatrix} X'_u \\ X'_v \end{pmatrix} = \begin{pmatrix} \upsilon & 0 \\ 0 & \upsilon^* \end{pmatrix} \begin{pmatrix} X_u \\ X_v \end{pmatrix} = \begin{pmatrix} \upsilon X_u \\ \upsilon^* X_v \end{pmatrix}$$
$$\begin{pmatrix} Y'_u \\ Y'_v \end{pmatrix} = \begin{pmatrix} \upsilon & 0 \\ 0 & \upsilon^* \end{pmatrix} \begin{pmatrix} Y_u \\ Y_v \end{pmatrix} = \begin{pmatrix} \upsilon Y_u \\ \upsilon^* Y_v \end{pmatrix}$$

である。スカラー積「S'」をスピノールの各成分で表わしてみると、

$$
\begin{aligned}
S' &= X'^{*}Y' \\
&= X'_uY'_v - X'_vY'_u \\
&= \upsilon X_u \upsilon^* Y_v - \upsilon^* X_v \upsilon Y_u \\
&= \upsilon^* \upsilon X_u Y_v - \upsilon^* \upsilon X_v Y_u \\
&= X_uY_v - X_vY_u \\
&= S
\end{aligned}
$$

であって、

$$S' = S$$

が成り立つ。つまり、2個のスピノールのスカラー積はスカラーである。

7.3.2 スピノールからテンソルを合成する

2個のスピノールのスカラー積「$S = \boldsymbol{X}^*\boldsymbol{Y}$」は、

$$S = \boldsymbol{X}^* \mathbf{1} \boldsymbol{Y}$$

の「 $\mathbf{1}$ 」を省略したものと考えることができる。そこで、「 $\mathbf{1}$ 」のところにパウリ行列「 $\boldsymbol{\sigma}_\mu$ 」を入れることを考える。結論から言うと、この操作で1階テンソルの各成分が得られる。すなわち、

$$p_\mu = \boldsymbol{X}^* \boldsymbol{\sigma}_\mu \boldsymbol{Y}$$

なる「 p_μ 」は1階テンソルの成分である。

本当かどうか、z軸まわりの回転で確認しよう。

まず、添え字「μ」に「 x, y, z 」を入れた場合の各成分を列挙しておこう。

$$
\begin{aligned}
p_x &= X_uY_u - X_vY_v \\
p_y &= -\boldsymbol{i}(X_uY_u + X_vY_v) \\
p_z &= -(X_uY_v + X_vY_u)
\end{aligned}
$$

ベクトル「$\boldsymbol{p} = \boldsymbol{e}_\mu p_\mu$」のz軸まわりの回転は、

$$\boldsymbol{p}' = T_z(\theta)\boldsymbol{p}$$

であったから、

$$p'_x = p_x \cos\theta - p_y \sin\theta$$
$$p'_y = p_x \sin\theta + p_y \cos\theta$$
$$p'_z = p_z$$

である。また、

$$\boldsymbol{X}' = U_z(\theta)\boldsymbol{X}; \quad \boldsymbol{Y}' = U_z(\theta)\boldsymbol{Y}$$

としよう。ここでも、

$$\upsilon = \cos(\theta/2) + \boldsymbol{i}\sin(\theta/2); \quad \upsilon^* = \cos(\theta/2) - \boldsymbol{i}\sin(\theta/2)$$

として、

$$\begin{pmatrix} X'_u \\ X'_v \end{pmatrix} = \begin{pmatrix} \upsilon X_u \\ \upsilon^* X_v \end{pmatrix}; \quad \begin{pmatrix} Y'_u \\ Y'_v \end{pmatrix} = \begin{pmatrix} \upsilon Y_u \\ \upsilon^* Y_v \end{pmatrix}$$

と表わすことにしよう。

成分「p'_x」を展開してみる。

$$\begin{aligned} p'_x &= X'_u Y'_u - X'_v Y'_v \\ &= \upsilon X_u \upsilon Y_u - \upsilon^* X_v \upsilon^* Y_v \\ &= \upsilon^2 X_u Y_u - (\upsilon^*)^2 X_v Y_v \\ &= (\cos(\theta/2) + \boldsymbol{i}\sin(\theta/2))^2 X_u Y_u - (\cos(\theta/2) - \boldsymbol{i}\sin(\theta/2))^2 X_v Y_v \\ &= (\cos^2(\theta/2) - \sin^2(\theta/2))(X_u V_u - X_v Y_v) - \boldsymbol{i}2\cos(\theta/2)\sin(\theta/2)(X_u Y_u + X_v Y_v) \\ &= \cos\theta\, p_x - \sin\theta\, p_y \end{aligned}$$

次は成分「p'_y」を展開してみる。

$$
\begin{aligned}
p'_y &= -\boldsymbol{i}(X'_u Y_u + X'_v Y'_v) \\
&= -\boldsymbol{i}(\upsilon X_u \upsilon Y_u + \upsilon^* X_v \upsilon^* Y_v) \\
&= -\boldsymbol{i}(\upsilon^2 X_u Y_u + (\upsilon^*)^2 X_v Y_v) \\
&= -\boldsymbol{i}((\cos(\theta/2) + \boldsymbol{i}\sin(\theta/2))^2 X_u Y_u + (\cos(\theta/2) - \boldsymbol{i}\sin(\theta/2))^2 X_v Y_v) \\
&= -2\cos(\theta/2)\sin(\theta/2))(X_u V_u - X_v Y_v) + \boldsymbol{i}2(\cos^2(\theta/2) - \sin^2(\theta/2))(X_u Y_u + X_v Y_v) \\
&= \cos\theta\, p_x + \sin\theta\, p_y
\end{aligned}
$$

確かに「 S 」はスカラーとして変換しており、「p_x, p_y」は1階テンソルとして変換している。すなわち、スピノール2個からベクトル1個とスカラー1個が合成できたのである。

7.3.3 スピノールのテンソル積

最後に、スピノールのテンソル積で本書を締めくくろう。2個のスピノールのテンソル積を、

$$
\boldsymbol{W}_{uv} = \boldsymbol{X}^*_u \boldsymbol{Y}_v
$$

とする。いま、

$$
\boldsymbol{W} = \begin{pmatrix} W_{uu} & W_{uv} \\ W_{vu} & W_{vv} \end{pmatrix}
$$

とすると、次のように「$\boldsymbol{W}$」は分解できる。

$$
\begin{aligned}
\boldsymbol{W} &= \begin{pmatrix} -X_v Y_u & X_u Y_u \\ -X_v Y_v & X_v Y_u \end{pmatrix} \\
&= \frac{1}{2}\left(\begin{pmatrix} X_u Y_v + X_v Y_u & 2X_u Y_u \\ -2X_u Y_u & -(X_u Y_v + X_v Y_u) \end{pmatrix} + \mathbf{1}\,\mathrm{tr}\,\boldsymbol{W}\right) \\
&= \frac{1}{2}\left(\boldsymbol{i}\begin{pmatrix} \boldsymbol{i}p_z & p_y + \boldsymbol{i}p_x \\ -p_y + \boldsymbol{i}p_x & -\boldsymbol{i}p_z \end{pmatrix} + S\right) \\
&= \frac{1}{2}(\boldsymbol{i}\boldsymbol{P} + S)
\end{aligned}
$$

ここに、「$\boldsymbol{P}$」はクォータニオンのベクトル成分(または虚数成分)、「S」は「セットで」ついてくるスカラーである。

1階テンソル2個のテンソル積を「2階テンソル」と呼んだように、スピノール(1階スピノール)2個のテンソル積を「2階スピノール」と呼ぶ。

2階スピノールが、変換性の異なる2個の量、すなわち3次元ベクトルと(1次元)スカラーに分解できることを、数学では**可約**(約すことができる)であるというふうに言う。逆にスカラーやベクトルのように、これ以上分解できなものを、**既約**(すでに約してある)であると言う。

クォータニオンの裏側には、2個のスピノールが潜んでいたのである。

この章のまとめ

● **「1階テンソル」**とは、回転行列を「T」としたとき、

$$p'_{\nu} = T_{\mu\nu} p_{\mu}$$

と変換する量のことである。

● **「2階テンソル」**とは、回転行列を「T」としたとき、

$$V'_{\kappa\lambda} = T_{\mu\kappa} T_{\nu\lambda} V_{\kappa\lambda}$$

と変換する量のことである。

● **「(1階)スピノール」**とは、回転行列を「U」としたとき、

$$X'_{v} = U_{uv} X_{u}$$

と変換する量のことである。

● **2個のスピノールのテンソル積**から、**1個のスカラーと1個のベクトルが取り出せる。**

2-ベクトルと2階テンソル

2-ベクトル「 $\boldsymbol{h}$ 」を

$$\boldsymbol{h} = \boldsymbol{e}_x \wedge \boldsymbol{e}_y h_z + \boldsymbol{e}_y \wedge \boldsymbol{e}_z h_x + \boldsymbol{e}_z \wedge \boldsymbol{e}_x h_y$$

としよう。次の2階テンソル、

$$\boldsymbol{H} = \begin{pmatrix} 0 & h_z & -h_y \\ -h_z & 0 & h_x \\ h_y & -h_x & 0 \end{pmatrix}$$

は1-ベクトル「$\star\boldsymbol{h}$」と同じようにふるまう。「$\star\boldsymbol{h}$」を普通の1-ベクトル「 $\boldsymbol{p}$ 」と掛け算して1-ベクトルを作ってみよう。

$$\begin{aligned}\star((\star\boldsymbol{h}) \wedge \boldsymbol{p}) &= \star((\boldsymbol{e}_x h_x + \boldsymbol{e}_y h_y + \boldsymbol{e}_z h_z) \wedge (\boldsymbol{e}_x p_x + \boldsymbol{e}_y p_y + \boldsymbol{e}_z p_z)) \\ &= \star(\boldsymbol{e}_y \wedge \boldsymbol{e}_z (h_y p_z - h_z p_y) + \boldsymbol{e}_z \wedge \boldsymbol{e}_x (h_z p_x - h_x p_z) + \boldsymbol{e}_x \wedge \boldsymbol{e}_y (h_x p_y - h_y p_x)) \\ &= \boldsymbol{e}_x (h_y p_z - h_z p_y) + \boldsymbol{e}_y (h_z p_x - h_x p_z) + \boldsymbol{e}_z (h_x p_y - h_y p_x)\end{aligned}$$

一方、「 $\boldsymbol{H}$ 」と「 $\boldsymbol{p}$ 」を掛けると、

$$\begin{aligned}\boldsymbol{H}\boldsymbol{p} &= \begin{pmatrix} 0 & -h_z & h_y \\ h_z & 0 & -h_x \\ -h_y & h_x & 0 \end{pmatrix} \begin{pmatrix} p_x \\ p_y \\ p_z \end{pmatrix} \\ &= \begin{pmatrix} h_y p_z - h_z p_y \\ h_z p_x - h_x p_z \\ h_x p_y - h_y p_x \end{pmatrix} \\ &= \boldsymbol{e}_x (h_y p_z - h_z p_y) + \boldsymbol{e}_y (h_z p_x - h_x p_z) + \boldsymbol{e}_z (h_x p_y - h_y p_x)\end{aligned}$$

ゆえ、

$$\boldsymbol{H}\boldsymbol{p} = \star((\star\boldsymbol{h}) \wedge \boldsymbol{p})$$

である。

「 $\boldsymbol{H}$ 」と「 $\boldsymbol{h}$ 」は、同じ物理量を違った方法で書き表わす方法だったのである。

これまで使ってきた外積演算子「×」を含めると、上式は、

$$Hp = \star((\star h) \wedge p) = (\star h) \times p$$

である。

「H」のようなテンソルを面テンソルと呼ぶ場合がある(対してベクトル「p」は線テンソルと呼ぶ)。また「$\star h$」のようなベクトルを軸性ベクトルと呼ぶ場合がある(対してベクトル「p」は極性ベクトルと呼ぶ)。

おわりに

コンピュータ・グラフィックス(CG)に使われる数学はクォータニオンだけではない。我々は本書でCGにおけるジオメトリ(幾何学)計算を扱ったわけだが、CGにはもうひとつ重要な要素、「フォトメトリ(測光学)計算」がある。フォトメトリ計算とは、CGでいえばライティングやテクスチャマッピングである。さらにアンチエイリアシングなどの画像フィルタリングもCGでは重要であろう。

これらの要素技術には、またそれぞれの数学がある。アンチエイリアシングやテクスチャのフィルタリングには「フーリエ変換」が重要な役割を果たすし、テクスチャマッピングには「一般座標変換」(数学者は同相微分写像と呼ぶ)の知識が使われている。フーリエ変換は理工系の大学の講義ではしばしば登場するが、一般座標変換のほうは大学院の講義でもめったに登場しないようである。

残念ながら普遍的なプログラミング言語というものはなく、また普遍的なCGアプリケーション・プログラム・インターフェイス(API)もない。プログラミングの知識はすぐ古くなってしまうし、CG APIの知識はそれよりも早く陳腐化してしまう。しかし、少なくともCGの背景にある数学を知っていれば、新しい言語、新しいAPIの習得は難しくないはずである。

20世紀の数学は、回転もフーリエ変換も一般座標変換もすべてひとまとめにして記述できるような、新しい原理(広い意味でのベクトル)を既に見つけている。我々がスピノールの章でほんの少し垣間見たより抽象的な数学は、数学をより深く理解する手助けになる。

現代の数学に触れておくことは、CGプログラミングの幅を大きく広げるであろう。また、近代の数学が次々とCGに応用されていく様子は、たとえば米国のACM SIGGRAPHの発表集などで目にすることができるので、機会があれば目を通されることをお勧めする。

我々は「CG」というインスタンスを抽象化(オブジェクト化)した、数学というクラスについて学んだのである。

付録 A

クォータニオンを利用した視点移動

付録のプログラムについて

本書の付録で作成しているプログラムのソース・コードとWindows用の実行ファイルは、工学社のホームページからダウンロードできます。
下記URLの工学社トップ・ページから、[サポート]→[3D-CGプログラマーのためのクォータニオン入門]へと進んでください。
[URL] http://www.kohgakusha.co.jp/

本書の内容はいささか数学に偏りすぎたきらいがある。そこで、クォータニオンを用いた実用的なプログラムとして、視点移動のためのサンプル・プログラムを提供しよう。このプログラムは極力シンプルにしてあるので、どうか自分なりの応用を考えてもらいたい。

（とりあえずはdraw object関数の中身を書き換えるだけで、任意の物体を描くことができる）。

なお、このプログラムはGavin Bell氏のコード（GLUTのサンプルとして配布されているtrackball.c）の一部からアイディアをもらった（コードそのものはコピーしていない）。また、正20面体の描画コードは本「OpenGL Programming Guide, The Official Guide to Learning OpenGL, Release 1 (OpenGL ARB)」から一部引用した。

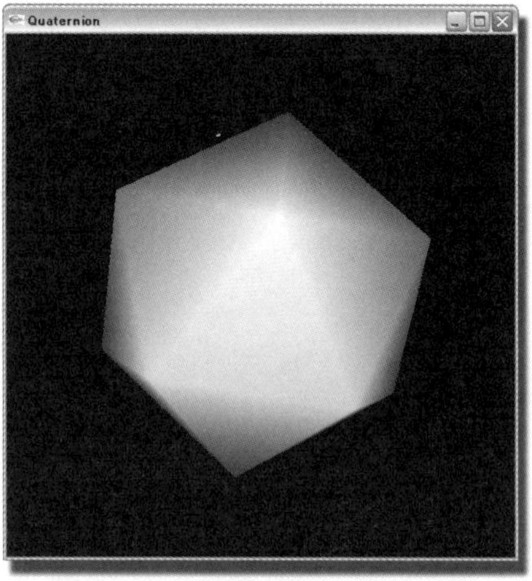

図A.1　サンプル・プログラムの実行例

A.1 ヘッダー・ファイル「quat.h」

ヘッダー・ファイル「quat.h」と次のライブラリ・ファイル「quat.c」はクォータニオンに関する基本的な型、関数を提供する。提供される構造体、関数は以下のとおり。

・quat構造体

　　クォータニオンを表わす。

・quat_zero (quat *a)

$$a = 0$$

・quat_identity (quat *a)

$$a = 1$$

・quat_assign (**float** w, **float** x, **float** y, **float** z)

$$a = w + \boldsymbol{I}x + \boldsymbol{J}y + \boldsymbol{K}z$$

・quat_add (quat *a, **const** quat *b, **const** quat *c)

$$a = b + c$$

・quat_sub (quat *a, **const** quat *b, **const** quat *c)

$$a = b - c$$

・quat_mul (quat *a, **const** quat *b, **const** quat *c)

$$a = bc$$

・quat_mul_real (quat *a, **float** s, **const** quat *b)

$$a = sb; \quad s \in \mathbb{R}$$

・quat_div_real (quat *a, **const** quat *b, **float** s)

$$a = b/s; \quad s \in \mathbb{R}$$

・float_quat_norm_sqr (**const** quat *a)

$$(\text{戻り値}) = \|a\|^2$$

・float_quat_norm (**const** quat *a)

$$(\text{戻り値}) = \|a\|$$

```
#ifndef __QUAT_H
#define __QUAT_H

/* クォータニオン構造体*/
struct QUAT {
float w, x, y, z;
};
typedef struct QUAT quat;

/* 代入*/
/*a = 0*/
void quat_zero (quat *a) ;
/*a = 1*/
void quat_identity (quat *a) ;
/* a = (w, x, y, z) */
void quat_assign (quat *a, float w, float x, float y, float z) ;

/* クォータニオン同士の足し算、引き算、掛け算*/
/*a = b + c */
void quat_add (quat *a, const quat *b, const quat *c) ;
/*a = b - c */
void quat_sub (quat *a, const quat *b, const quat *c) ;
/*a = b * c */
void quat_mul (quat *a, const quat *b, const quat *c) ;

/* クォータニオンと実数の掛け算、割り算*/
/*a = s * b */
void quat_mul_real (quat *a, float s, const quat *b) ;
/*a = b / s */
void quat_div_real (quat *a, const quat *b, float s) ;
```

```
/* クォータニオンのノルム*/
/* ||a||^2 */
float quat_norm_sqr (const quat *a) ;
/* ||a|| */
float quat_norm (const quat *a) ;
#endif
```

A.2 ライブラリ・ファイル「quat.c」

ライブラリ・ファイル「quat.c」はヘッダー・ファイル「quat.h」で宣言された関数の実装を提供する。

```
#include <math.h>
#include "quat.h"

/* 代入*/

/* a = 0 */
void quat_zero (quat *a)
{
    a->w = a->x = a->y = a->z = 0.0;
}

/* a = 1 */
void quat_identity (quat *a)
{
    a->w = 1.0;
    a->x = a->y = a->z = 0.0;
}

/* a = (w, x, y, z) */
void quat_assign (quat *a, float w, float x, float y, float z)
{
    a->w = w;
```

```
    a->x = x;
    a->y = y;
    a->z = z;
}

/* クォータニオン同士の足し算、引き算、掛け算*/
/* a = b + c */
void quat_add (quat *a, const quat *b, const quat *c)
{
    a->w = b->w + c->w;
    a->x = b->x + c->x;
    a->y = b->y + c->y;
    a->z = b->z + c->z;
}

/* a = b - c */
void quat_sub (quat *a, const quat *b, const quat *c)
{
    a->w = b->w -c->w;
    a->x = b->x -c->x;
    a->y = b->y -c->y;
    a->z = b->z -c->z;
}

/* a = b * c */
void quat_mul (quat *a, const quat *b, const quat *c)
{
    a->w = b->w * c->w -b->x * c->x -b->y * c->y -b->z * c->z;
    a->x = b->w * c->x + b->x * c->w -b->y * c->z + b->z * c->y;
    a->y = b->w * c->y + b->x * c->z + b->y * c->w -b->z * c->x;
    a->z = b->w * c->z -b->x * c->y + b->y * c->x + b->z * c->w;
}
```

```
/* クォータニオンと実数の掛け算、割り算 */
/* a = s * b */
void quat_mul_real (quat *a, float s, const quat *b)
{
    a->w = s * b->w;
    a->x = s * b->x;
    a->y = s * b->y;
    a->z = s * b->z;
}

/* a = b / s */
void quat_div_real (quat *a, const quat *b, float s)
{
    a->w = b->w / s;
    a->x = b->x / s;
    a->y = b->y / s;
    a->z = b->z / s;
}

/* クォータニオンのノルム */
/* ||a||^2 */
float quat_norm_sqr (const quat *a)
{
   return a->w * a->w + a->x * a->x + a->y * a->y + a->z * a->z;
}

/* ||a|| */
float quat_norm (const quat *a)
{
    return sqrt (quat_norm_sqr (a)) ;
}
```

A.3 サンプル・プログラム「quatsample.c」

サンプル・プログラム「quatsample.c」は、GLUTを利用してウインドウを開き、OpenGLを利用して物体(正20面体)を描く。

このプログラムは、ユーザーがウインドウ上でマウスを(左ボタンで)ドラッグすると、「仮想的な」トラックボールが回転し、そのトラックボールの回転に合わせて視点変更をする。また、SHIFTキーを押しながらマウスをドラッグすると、物体の拡大縮小ができる。マウスの右クリックでメニューがポップアップし、ユーザーがQuitを選べば、終了する。

```
#include <math.h>
#include <stdlib.h>
#include <GL/glut.h>
#include "quat.h"

/* フラグ定数定義 */
#define FALSE 0
#define TRUE  1

/* 初期ウィンドウサイズ */
#define WINDOW_SIZE 512

/* 水平方向の画角 */
#define FOVY 20.0

/* トラックボールの相対的な大きさ */
#define R 0.8

/* 内部用定数(2の平方根の逆数) */
#define ROOT_2_INV 0.70710678118654752440

/* GLUTメニュー識別用番号 */
#define APP_QUIT 1

/* 2乗マクロ */
```

```
#define SQR(x) ((x) * (x))

/* カラー */
static const GLfloat white[] = { 1.0, 1.0, 1.0, 1.0 };
static const GLfloat blue[]  = { 0.0, 0.0, 1.0, 1.0 };
static const GLfloat black[] = { 0.0, 0.0, 0.0, 1.0 };

/* マウスモーション用変数 */
static int scaling = FALSE;  /* スケーリングの変更中か */
static int begin_x, begin_y;  /* マウスのドラッグ開始位置 */
static quat curr, last;  /* 回転のクォータニオン */
static GLfloat scale_factor = 1.0;  /* スケーリング値 */

/* ウィンドウリサイズ用変数 */
static int width = WINDOW_SIZE, height = WINDOW_SIZE;

/* 半径Rの球への投影 */
static GLfloat project_to_sphere(GLfloat x, GLfloat y)
{
	GLfloat z;
	GLfloat d_sqr, d;

	d_sqr = SQR(x) + SQR(y);
	d = sqrt(d_sqr);  /* dは(x,y)の原点からの距離 */
	if (d < R) {  /* もし(x,y)が半径Rの円内であれば */
		z = sqrt(2.0 * SQR(R) - d_sqr);
		  /* 半径Rの円に外接する正方形を内接する球に投影 */
	}
	else {  /* もし(x,y)が半径Rの円内でなければ */
		z = SQR(R) / d;  /* 楕円体に投影 */
	}
	return z;
}

/* トラックボールのシミュレーション */
```

```
static void simulate_trackball(quat *q, GLfloat p1x,
  GLfloat p1y, GLfloat p2x, GLfloat p2y)
{
      if (p1x == p2x && p1y == p2y) {
            /* もしマウスの移動量がゼロならば */
            quat_identity(q);
              /* アイデンティティクォータニオンを返す */
      }
      else {
            /* マウスの移動量がゼロでないならば */
            quat p1, p2, a, d;
            float p1z, p2z;
            float s, t;

            /* ベクトルp1:トラックボール移動開始位置 */
            p1z = project_to_sphere(p1x, p1y);
            quat_assign(&p1, 0.0, p1x, p1y, p1z);

            /* ベクトルp2: トラックボール移動終了位置 */
            p2z = project_to_sphere(p2x, p2y);
            quat_assign(&p2, 0.0, p2x, p2y, p2z);

            /* トラックボールの回転軸を求める */
            quat_mul(&a, &p1, &p2);
              /* ベクトルp2とベクトルp1の外積をベクトルaとする */

            /* ベクトルaを単位ベクトルにする */
            a.w = 0.0;
            s = quat_norm(&a);
            quat_div_real(&a, &a, s);

            /* トラックボールの回転量を求める */
            quat_sub(&d, &p1, &p2);
              /* ベクトルp1とベクトルp2の差をベクトルdとする */
```

```
            /* ベクトルdのノルム */
            t = quat_norm(&d) / (2.0 * R * ROOT_2_INV);
            /* ノルムが1よりも大きくなってしまったら1にする */
            if (t > 1.0) t = 1.0;

            /*
             * 回転のクォータニオンの設定
             *
             * 本来は回転のクォータニオンは
             *
             *   theta = 2.0 * asin(t);
             *   q->w = cos(theta / 2.0);
             *   q->x = a.x * sin(theta / 2.0);
             *   q->y = a.y * sin(theta / 2.0);
             *   q->z = a.z * sin(theta / 2.0);
             *
             * と計算したいところだが,直接tを使ったほうが計算が速い
             *
             */
            quat_assign(q, cos(asin(t)), a.x * t, a.y * t, a.z * t);
    }
}

/* クォータニオンから回転行列を作る */
static void create_rotation_matrix(GLfloat m[4][4],
    const quat *q)
{
    m[0][0] = 1.0 - 2.0 * (q->y * q->y + q->z * q->z);
    m[0][1] =       2.0 * (q->x * q->y - q->z * q->w);
    m[0][2] =       2.0 * (q->z * q->x + q->w * q->y);
    m[0][3] = 0.0;
    m[1][0] =       2.0 * (q->x * q->y + q->z * q->w);
    m[1][1] = 1.0 - 2.0 * (q->z * q->z + q->x * q->x);
    m[1][2] =       2.0 * (q->y * q->z - q->w * q->x);
    m[1][3] = 0.0;
```

```
    m[2][0] =       2.0 * (q->z * q->x - q->w * q->y);
    m[2][1] =       2.0 * (q->y * q->z + q->x * q->w);
    m[2][2] = 1.0 - 2.0 * (q->y * q->y + q->x * q->x);
    m[2][3] = 0.0;
    m[3][0] = 0.0;
    m[3][1] = 0.0;
    m[3][2] = 0.0;
    m[3][3] = 1.0;
}

/* フレームを描く */
#define L 0.5
static void draw_frame(void)
{
    /* 立方体の頂点位置と辺のデータ */
    static GLfloat vdata[8][3] = {
        { -L, -L, -L }, { L, -L, -L }, { L, L, -L }, { -L, L, -L },
        { -L, -L, L }, { L, -L, L }, { L, L, L }, { -L, L, L } };
    static GLint tindices[6][4] = {
        { 0, 1, 2, 3 }, { 0, 4, 5, 1 }, { 0, 3, 7, 4 },
        { 1, 5, 6, 2 }, { 2, 6, 7, 3 },{ 5, 4, 7, 6 } };
    int i;

    /* 3面だけ描く */
    glMaterialfv(GL_FRONT_AND_BACK, GL_DIFFUSE, blue);
    glMaterialfv(GL_FRONT_AND_BACK, GL_AMBIENT, black);
    for (i = 0; i < 3; ++i) {
        glBegin(GL_QUADS);
            glNormal3fv(&vdata[tindices[i][0]][0]);
            glVertex3fv(&vdata[tindices[i][0]][0]);
            glNormal3fv(&vdata[tindices[i][1]][0]);
            glVertex3fv(&vdata[tindices[i][1]][0]);
            glNormal3fv(&vdata[tindices[i][2]][0]);
            glVertex3fv(&vdata[tindices[i][2]][0]);
            glNormal3fv(&vdata[tindices[i][3]][0]);
```

```
                glVertex3fv(&vdata[tindices[i][3]][0]);
            glEnd();
    }
}

/* 物体を描く */
#define X (0.525731112119133606 / 2.0)
#define Z (0.850650808352039932 / 2.0)
static void draw_object(void)
{
    /*** ここには好きなコードをどうぞ ***/

    /*
     * 以下のサンプルは正20面体を描くコード
     *
     * OpenGL Programming Guide, The Official Guide to
     * Learning OpenGL, Release 1 (OpenGL ARB) より引用
     *
     */
    static GLfloat vdata[12][3] = {
        { -X, 0.0, Z }, { X, 0.0, Z }, { -X, 0.0, -Z },
        { X, 0.0, -Z }, { 0.0, Z, X }, { 0.0, Z, -X },
        { 0.0, -Z, X }, { 0.0, -Z, -X }, { Z, X, 0.0 },
        { -Z, X, 0.0 }, { Z, -X, 0.0 }, { -Z, -X, 0.0 } };
    static GLint tindices[20][3] = {
        { 0, 4, 1 }, { 0, 9, 4 }, { 9, 5, 4 }, { 4, 5, 8 },
        { 4, 8, 1 }, { 8, 10, 1 }, { 8, 3, 10 }, { 5, 3, 8 },
        { 5, 2, 3 }, { 2, 7, 3 }, { 7, 10, 3 }, { 7, 6, 10 },
        { 7, 11, 6 }, { 11, 0, 6 }, { 0, 1, 6 }, { 6, 1, 10 },
        { 9, 0, 11 }, { 9, 11, 2 }, { 9, 2, 5 }, { 7, 2, 11 } };
    int i;

    glEnable(GL_CULL_FACE);
    glMaterialfv(GL_FRONT, GL_AMBIENT_AND_DIFFUSE, white);
    for (i = 0; i < 20; ++i) {
```

```
        glBegin(GL_TRIANGLES);
            glNormal3fv(&vdata[tindices[i][0]][0]);
            glVertex3fv(&vdata[tindices[i][0]][0]);
            glNormal3fv(&vdata[tindices[i][1]][0]);
            glVertex3fv(&vdata[tindices[i][1]][0]);
            glNormal3fv(&vdata[tindices[i][2]][0]);
            glVertex3fv(&vdata[tindices[i][2]][0]);
        glEnd();
    }
    glDisable(GL_CULL_FACE);
}

/* GLUT描画コールバック関数 */
static void draw(void)
{
    static int first_call = TRUE;
        /* この関数がはじめて呼ばれたか */
    static GLint display_list = 0;
        /* ディスプレイリストを保持 */

    if (first_call) {  /* この関数が最初に呼ばれたとき */
        first_call = FALSE;
        display_list = glGenLists(1);
            /* ディスプレイリストを作る */
        glNewList(display_list, GL_COMPILE_AND_EXECUTE);
            draw_frame();    /* フレームを描く */
            draw_object();   /* 物体を描画する */
        glEndList();
    }
    else {  /* この関数が2回目以降に呼ばれたとき */
        glCallList(display_list);
            /* ディスプレイリストをコールする */
    }
}
```

```
/* GLUTディスプレイコールバック関数 */
static void display_func(void)
{
	static GLfloat v[4][4] = {
		{ 1.0, 0.0, 0.0, 0.0 },
		{ 0.0, 1.0, 0.0, 0.0 },
		{ 0.0, 0.0, 1.0, 0.0 },
		{ 0.0, 0.0, -4.0, 1.0 } };
	/*
	 * Macの場合
	 *
	 * static GLfloat v[4][4] = {
	 *     { 1.0, 0.0, 0.0, 0.0 },
	 *     { 0.0, 1.0, 0.0, 0.0 },
	 *     { 0.0, 0.0, -1.0, 0.0 },
	 *     { 0.0, 0.0, 0.0, 1.0 } };
	 *
	 */

	GLfloat m[4][4];  /* 同次座標の回転行列 */

	glClear(GL_COLOR_BUFFER_BIT | GL_DEPTH_BUFFER_BIT);
		/* 画面クリア */
	glLoadMatrixf(&v[0][0]);  /* 視点位置をセット */
	/*
	 * Windows/Linux/FreeBSDならばglLoadMatrixfのかわりに
	 *
	 *   glLoadIdentity();
	 *   gluLookAt(0.0, 0.0, 4.0, 0.0, 0.0, 0.0, 0.0, 1.0, 0.0);
	 *
	 * としてもよい
	 *
	 */
	create_rotation_matrix(m, &curr);
		/* クォータニオンから回転行列を生成 */
```

```
    glScalef(scale_factor, scale_factor, scale_factor);
            /* スケーリング */
    glMultMatrixf(&m[0][0]);  /* 回転行列をセット */
    draw();  /* 描画する */
    glutSwapBuffers();  /* 描画バッファの入れ替え */
}

/* GLUTリシェイプコールバック関数 */
static void reshape_func(int w, int h)
{
    glViewport(0, 0, (GLsizei)w, (GLsizei)h);
            /* ウィンドウサイズを指定 */
    glMatrixMode(GL_PROJECTION);
    glLoadIdentity();
            /* プロジェクション行列に単位行列をセット */
    gluPerspective(FOVY, (GLfloat)w/(GLfloat)h, 2.0, -2.0);
        /* パースペクティブ変換行列をセット */
    glMatrixMode(GL_MODELVIEW);
    width = w;
    height = h;
}

/* Applicationメニュー関数 */
static void app_menu_func(int menu)
{
    switch (menu) {
    case APP_QUIT:
            exit(0);  /* APP_QUITメニューでプログラム終了 */
            break;
    default:
            break;
    }
}

/* GLUTメニューコールバック関数 */
```

```
static void menu_func(int dummy0)
{
	/* 何もしない */
	return;
}

/* GLUTキーボードコールバック関数 */
static void keyboard_func(unsigned char key,
	int dummy1, int dummy2)
{
	switch (key) {
		case 'q':
		case 'Q':
		app_menu_func(APP_QUIT);
		  /* Qキーが押されたらAPP_QUITメニューを選んだのと同じ */
		break;
	default:
		break;
	}
}

/* GLUTマウスコールバック関数 */
static void mouse(int button, int state, int x, int y)
{
	if (button == GLUT_LEFT_BUTTON && state == GLUT_DOWN) {
		/* 左ボタンドラッグ開始 */
		begin_x = x;
		begin_y = y;
		if (glutGetModifiers() & GLUT_ACTIVE_SHIFT) {
			/* SHIFTキーあり */
			scaling = TRUE;  /* スケーリング変更中 */
		}
		else {  /* SHIFTキーなし */
			scaling = FALSE;  /* 視点変更中 */
		}
```

```
    }
}

/* GLUTマウスモーションコールバック関数 */
static void motion(int x, int y)
{
    static int count = 0;  /* この関数が何回呼ばれたか */

    if (scaling) {  /* スケーリング変更中ならば */
        scale_factor = scale_factor
            * (1.0 + (((float) (begin_y - y)) / 
height));
        begin_x = x;
        begin_y = y;
    }
    else {
        quat t;

        simulate_trackball(&last, (2.0 * begin_x - width) / width,
            (height - 2.0 * begin_y) / height,
            (2.0 * x - width) / width,
            (height - 2.0 * y) / height);
            /*
             * ウィンドウ中心を0,ウィンドウ幅を2に調整した
             * マウス位置をsimulate_trackballにわたす
             *
             */
        begin_x = x;
        begin_y = y;

        /* lastとcurrのクォータニオン積をcurrに代入 */
        quat_mul(&t, &last, &curr);
        curr = t;

        if (++count % 97 == 0) {  /* この関数は97回に1回の割合で... */
```

```
                GLfloat n;

                /* クォータニオンcurrを正規化する */
                n = quat_norm(&curr);
                quat_div_real(&curr, &curr, n);
            }
        }
        glutPostRedisplay();  /* 再描画 */
        return;
}

/* GLUTメニューの初期化 */
static void init_glut_menu(void)
{
        int app_menu;

        /* Applicationメニューを登録 */
        app_menu = glutCreateMenu(app_menu_func);
        glutAddMenuEntry("Quit (Q)", APP_QUIT);

        /* メニューを登録 */
        glutCreateMenu(menu_func);
        glutAddSubMenu("Application", app_menu);

        /* メニューをマウス右ボタンにアタッチ */
        glutAttachMenu(GLUT_RIGHT_BUTTON);
}

/* GLUTの初期化 */
static void init_glut(int *argc, char **argv)
{
        glutInit(argc, argv);
        glutInitDisplayMode(GLUT_RGBA | GLUT_DOUBLE | GLUT_DEPTH);
            /* RGBA, ダブルバッファ, デプスバッファを指定 */
        glutInitWindowSize(WINDOW_SIZE, WINDOW_SIZE);
```

```
            /* ウィンドウサイズを指定 */
    glutInitWindowPosition(100, 100);  /* ウィンドウ位置を指定 */
    glutCreateWindow(argv[0]);  /* ウィンドウを生成 */
    glutKeyboardFunc(keyboard_func);
            /* キーボードコールバック関数を指定 */
    glutDisplayFunc(display_func);
            /* ディスプレイコールバック関数を指定 */
    glutReshapeFunc(reshape_func);
            /* リシェイプコールバック関数を指定 */
    glutMouseFunc(mouse);  /* マウスコールバック関数を指定 */
    glutMotionFunc(motion);
            /* マウス移動コールバック関数を指定 */
    glutSetCursor(GLUT_CURSOR_RIGHT_ARROW);
            /* マウスカーソルを指定 */
    init_glut_menu();  /* メニューを初期化 */
}

/* OpenGLの初期化 */
static void init_gl(void)
{
    static GLfloat light1[] = { 0.0, 0.0, 10.0, 1.0 };
    /*
     * Macの場合
     *
     * static GLfloat light1[] = { 0.0, 0.0, -10.0, 1.0 };
     *
     */

    glClearColor(0.0, 0.0, 0.0, 1.0);  /* 背景色の設定 */
    glFrontFace(GL_CW);  /* ポリゴンの表向き方向を時計回りに */
    glEnable(GL_DEPTH_TEST);  /* デプステストを有効に */
    glEnable(GL_NORMALIZE);
            /* 法線ベクトルの自動正規化を有効に */
    glEnable(GL_LIGHTING);  /* ライティングを有効に */
    /* アンビエント光源 */
```

```
    glLightfv(GL_LIGHT0, GL_DIFFUSE, black);
            /* デフォルトのディフューズ光源をオフにしておく */
    glEnable(GL_LIGHT0);
    /* 白色ディフユーズ光源 */
    glLightfv(GL_LIGHT1, GL_DIFFUSE, white);
    glLightfv(GL_LIGHT1, GL_POSITION, light1);
    glEnable(GL_LIGHT1);
    simulate_trackball(&curr, 0.0, 0.0, 0.0, 0.0);
            /* currクォータニオンを初期化 */
}

/* main関数 */
int main(int argc, char **argv) {
    init_glut(&argc, argv);
    init_gl();
    glutMainLoop();
    return 0;
}
```

コンピュータグラフィックスとアートの立ち位置

「3D コンピュータグラフィックス」抜きには、現代の映画は考えられない。

世界で初めて、映画に 3D コンピュータグラフィックスを用いたのは日本映画「ゴルゴ 13」(1983) である。筆者は幸運にも、このゴルゴ 13 の 3D コンピュータグラフィックス製作総指揮をした大村皓一先生に直接話を伺うことができた。

1985 年の「国際科学技術博覧会」(つくば科学万博) で「ザ・ユニバース」という 3D 映画の制作も手掛けた大村先生は、「ゴルゴ 13」や「ザ・ユニバース」の制作にあたってチームをアートチーム、ソフトウェアチーム、ハードウェアチームに分割した。

そして、「ソフトウェアチームはアートチームの言うことを、ハードウェアチームはソフトウェアチームの言うことを必ず聞くこと」と決め、その代わり、アートチームはソフトウェアチームを納得させるだけの「アートの強度」をもつこと、ソフトウェアチームはハードウェアチームを納得させるだけの「ソフトウェアとしては死力を尽くしたこと」を主張することを求めたという。

著者自身はアートからハードまで手がけるが、確かにハードウェアは「何でも出来る」パワーをもっている代わりに、そのパワーをどこへ向けるかの責任を、より上位のレイヤーに担保してもらいたいという欲求をもっているように感じた。

このようなコラボレーションで生まれた「ゴルゴ 13」は、我々 CG プログラマーとしてはエポックメイキングな映像なので、ぜひ見てもらいたい。

付録 B

「サンプル・プログラム」の実行方法

付録のプログラムについて

本書の付録で作っているプログラムの「ソース・コード」と「Windows用実行ファイル」は、工学社のホームページからダウンロードできます。
下記ＵＲＬの工学社「トップ・ページ」から、[サポート]→［3Ｄ－ＣＧプログラマーのためのクォータニオン入門］へと進んでください。
［URL］ https://www.kohgakusha.co.jp/

以下の環境で「サンプル・プログラム」を実行する方法を解説する。

・Windows 10
・macOS High Sierra（10.13）

B.1 Windows 10

Windows 10 にはＣコンパイラがあらかじめインストールされていないため、自分でインストールする必要がある。
マイクロソフト社の「【無償版】 Visual Studio」が無料で手に入るため、本書では「【無償版】 Visual Studio」を使う方法を説明する。

（B.1.1）【無償版】 Visual Studio のインストール

マイクロソフト社のホームページから、「【無償版】 Visual Studio」を手に入れる。
【URL】 https://www.microsoft.com/ja-jp/dev/campaign/free-edition.aspx

（B.1.2） OpenGL ドライバの更新

念のため、「グラフィック・ドライバ」を最新のものに更新しておこう。
Windowsの［スタート］メニューから［デバイスマネージャー］を選択し、「ディスプレイアダプタ」の下にあるアダプタ名の［プロパティ］を開くことで、「グラフィック・ドライバ」のバージョンを確認できる。

（B.1.3） GLUT のインストール

「OpenGL Utility Toolkit」(GLUT) は以下の手順でインストールできる。
まず、以下のサイトから「glut-3.7.6-bin.zip」をダウンロードする。
【URL】
https://ja.osdn.net/projects/sfnet_colladaloader/downloads/colladaloader/colladaloader%201.1/glut-3.7.6-bin.zip/

解凍後，次のファイルを以下の場所にコピーする．

- glut32.dll → C:/windows/system32
- glut32.lib → C:/Program Files (x86)/Windows Kids/10/Lib/10.0.XXXXX.X/um/x86 (Xには数字が入る)
- glut.h →C:/Program Files (x86)/Windows Kids/10/Include/10.0.XXXXX.X/um/gl (Xには数字が入る)

(B.1.4)「サンプル・プログラム」の実行

「Visual Studio」から、本書で説明したようなプログラムを実行する。

[1] [ファイル]→[新規作成]→[プロジェクト]とメニューを選択し、[Win32コンソールアプリケーション] を選んでプロジェクト名（任意）を設定する。
[2] アプリケーションウィザードが開くので、「コンソールアプリケーション」「空のプロジェクト」の両方にチェックを入れて「完了」ボタンを押す。
[3] [ソースファイル]→[追加]→[新しい項目] とメニューを選択し、「C++ファイル」を選んでファイル名（任意）を設定する。
[4] コンパイル、実行するには、[デバッグ]→[デバッグなしで開始] をメニューから選択する。

B.2 macOS High Sierra（10.13）

(B.2.1) コンパイラの準備

「macOS」の開発環境は、「Mac App Store」から手に入る。

[1]「Mac App Store」を開いて「Xcode」をダウンロードし、インストールする。
[2]「Xcode」をインストールしたら起動して、[Xcode]→[Open Developer Tools]→[More Developer Tools...] とメニューを選択する。
[3] ウェブブラウザが開いて、アップル社の「デベロッパー・ログインページ」に到達する。
[4] iCloud ユーザーなどで「Apple ID」をすでに持っている場合は、手持ちの「Apple ID」でログインできる。

「Apple ID」を持っていない人は、無償の「Apple ID」を作ってログインする。

[5] ログインすると、"Downloads for Apple Developers" というページが開くので、

・Command Line Tools (macOS 10.13) for Xcode 9.3
・Additional Tools for Xcode 9.3

というパッケージをダウンロードして、インストールする。

(B.2.2)「サンプル・プログラム」の実行

「サンプル・プログラム」は、ターミナルで、次のようにコンパイルする。

```
$ cc -framework OpenGL -framework GLUT -framework Foundation -o quatsample
quatsample.c quat.c
```

出来上がった実行バイナリは、次のように実行できる。

```
$ ./quatsample
```

※「マジック・トラックパッド」を使っている場合は，2本指タップで「右クリックと同様のメニューが出せる。

補　講

[補講 1]　本文のダイジェスト

[補講 2]　「群・環・体」と「クォータニオン」

[補講 3]　リー代数

[補講 4]　束

記号一覧

実数	「実数」は小文字のローマ文字を使う。 [例] a, b, c
複素数	「複素数」は小文字のギリシャ文字を使う。 [例] α, β, γ ただし虚数単位は「 i 」で表わす。
行列	「行列」は大文字を使う。 [例] $\boldsymbol{A}, B, \boldsymbol{C}$ ただし単位行列は「1」で表わし、零行列は「0」で表わす。
クォータニオン	クォータニオンは大文字のギリシャ文字を使う。 [例] Φ, Ψ, Σ ただしクォータニオン単位は「 I, J, K 」で表わす。
ベクトル	「ベクトル」は太字を使う。ベクトルの表現として「複素数」「行列」「クォータニオン」を使うことがあるが、すべて小文字のローマ文字を使う。 [例] $\boldsymbol{a}, \boldsymbol{b}, \boldsymbol{c}$ 基底ベクトルは「 e 」で表わす。
スピノール	「スピノール」は太字を使い，すべて小文字のギリシャ文字を使う。 [例] ϕ, χ, ψ
作用素	「ベクトル」に対する「作用素」は太字を使う。作用素の表現として「複素数」「行列」「クォータニオン」を使うことがあるが、すべて大文字のローマ文字を使う。 [例] $\boldsymbol{A}, \boldsymbol{B}, \boldsymbol{C}$
添字	添字は「 i, j, k 」を用いる。
集合	「集合」は太字の非イタリックのローマ文字を用いる。 [例] $\mathbf{A}, \mathbf{B}, \mathbf{C}$ ただし、よく知られている集合については特別な書体を用いる。 たとえば整数全体からなる集合は「$\mathbb{Z}$」、実数全体からなる集合は「$\mathbb{R}$」、複素数全体からなる集合は「$\mathbb{C}$」、クォータニオン全体からなる集合は「$\mathbb{H}$」を用いる。
関数	関数はローマ字の小文字で表わす。 [例] f, g, h
微小量と無限小量	微小な量には、接頭辞として「 Δ 」を使う。 [例] Δt 無限小量には、接頭辞として「 δ 」を使う。 [例] δt
その他	「ネイピア数」は「e」で表わす。 「クロネッカーのデルタ」は「 δ 」で表わす。 「円周率」は「 π 」で表わす。 「パウリ行列」は「σ」で表わす。 「レビ・チビタ記号」は「 ε 」で表わす。

[補講 1]　本文のダイジェスト

第1章〜第7章の数学の要点をまとめました。**[補講2〜4]**とともに活用してください。

1.1 実数・複素数・クォータニオン―数

1.1.1 実数

C++ 言語では、「double 型」に「単項プラス」「単項マイナス」「和」「差」「積」「商」の6個の演算子が定義されている。

これを、**「double 型は数としてのインターフェイスをもつ」**と言う。

＊

数としてのインターフェイスは、実際には、次のリストに集約される。

和の演算子	「$a+b$」の「＋」演算子。C++ 言語の和演算子。
零元（ゼロ、和の単位元）	「$0+a=a+0=a$」であるような「0」。C++ 言語のリテラル「0」。
負元（和の逆元）	「a」に対して「$-a+a=0$」となるような「$-a$」。C++ 言語の単項マイナス。
積の演算子	「$a \cdot b$」の「・」演算子。普通は省略される。C++ 言語の積演算子。
単位元（イチ）	「$1a=a1=a$」であるような「1」。C++ 言語のリテラル「1.0」。
逆元	「a」に対して「$a^{-1}a=1$」であるような「a^{-1}」。C++ 言語ではデフォルトで用意されていないがラムダ式[ ](double x){return 1.0/x ;}を用いて容易に実装可能である。

C++言語の「double 型」の元になっている**「実数」**は、上述のインターフェイスをもつ。

上述の6個のインターフェイスは、

和	演算子，単位元，逆元
積	演算子，単位元，逆元

という3個ずつのインターフェイスに分類できる。

「和」と「積」には、それぞれ次の関係がある。

$$
\begin{aligned}
abc &= (ab)c \\
&= a(bc)
\end{aligned}
$$

$$
\begin{aligned}
a+b+c &= (a+b)+c \\
&= a+(b+c)
\end{aligned}
$$

これを、**「結合律」（結合則）**と呼ぶ。

「和」と「積」が混在した場合は、常に「積」が優先される。

$$ab+c=(ab)+c$$

「和」と「積」の間には、次の関係が成り立つ。

$$a(b+c)=ab+ac$$

$$(a+b)c=ac+bc$$

これを**「分配律」（分配則）**と呼ぶ。

「零元」(「ゼロ」「和」の単位元）と、「任意の元」との「積」は、常に「零元」である。

$$0a=a0=0$$

1.1.2 複素数

「実数」に限らず、**「複素数」**も上述の6個のインターフェイス、「結合律」「分配律」に従う。

「複素数」とは、「実数単位1の実数倍」と「虚数単位 i の実数倍」との和である。「 a , b 」を実数とすると、「 $\alpha = 1a + ib$ 」が「複素数の一般形」である。

「虚数単位」は、次の性質をもつ。

$$i^2=-1$$

＊

「複素数」は、数としてのインターフェイスに加えて、次のインターフェイスをもつ。

・共役複素数

ある複素数「α」が「$\alpha = 1a + ib$」であるとき、「$\alpha^* \equiv 1a - ib$」なる「α^*」を「αの共役複素数」と呼ぶ。

・複素数のノルム

ある複素数「α」について、

$$\|\alpha\| \equiv \sqrt{\alpha^* \alpha}$$

を「αのノルム」と呼ぶ。「ノルム」は「大きさ」という概念に近い。

「複素数αの逆数」(逆複素数)「α^{-1}」は、次のように求めることができる。

$$\alpha^{-1} = \frac{\alpha^*}{\|\alpha\|^2}$$

1.1.3 クォータニオン

「$\Phi = 1a + Ib + Jc + Kd$」なる数「Φ」を**「クォータニオン」**(四元数)と呼ぶ。

ただし、「I, J, K」は、それぞれクォータニオン単位であって、

$$I^2 = J^2 = K^2 = IJK = -1,\ IJ = -JI = K,\ JK = -KJ - I,$$
$$KI = -IK = J$$

であるとする。

＊

「クォータニオン」は、「数」としてのインターフェイスに加えて、次のインターフェイスをもつ。

・共役クォータニオン

あるクォータニオン「Φ」が「$\Phi = 1a + Ib + Jc + Kd$」であるとき、「$\Phi^* \equiv 1a - Ib - Jc - Kd$」なる「$\Phi^*$」を、「$\Phi$の共役クォータニオン」と呼ぶ。

・クォータニオンのノルム

あるクォータニオン「Φ」について、

$$\|\Phi\| \equiv \sqrt{\Phi^* \Phi}$$

を「Φ のノルム」と呼ぶ。ノルムは「大きさ」という概念に近い。

クォータニオン「Φ」の「逆数」(逆クォータニオン)「Φ^{-1}」は、次のように求めることができる。

$$\Phi^{-1} = \frac{\Phi^*}{\|\Phi\|^2}$$

1.2 行列──もう1つの「数」

1.2.1 「連立線形方程式」と「行列」

未知数「x」に関する「線形方程式」、

$$ax + b = 0$$

の「解」は、「$x = -a^{-1}b$」である。

未知数「x_1 ,x_2」に関する連立線形方程式、

$$a_{1,1}x_1 + a_{1,2}x_2 + b_1 = 0$$

$$a_{2,1}x_1 + a_{2,2}x_2 + b_2 = 0$$

の「解」について、新たな記号を発明して、

$$\begin{bmatrix} a_{1,1} & a_{1,2} \\ a_{2,1} & a_{2,2} \end{bmatrix} \begin{bmatrix} x_1 \\ x_2 \end{bmatrix} + \begin{bmatrix} b_1 \\ b_2 \end{bmatrix} = \begin{bmatrix} 0 \\ 0 \end{bmatrix}$$

と書き直し、

$$A \equiv \begin{bmatrix} a_{1,1} & a_{1,2} \\ a_{2,1} & a_{2,2} \end{bmatrix}, X \equiv \begin{bmatrix} x_1 \\ x_2 \end{bmatrix}, B \equiv \begin{bmatrix} b_1 \\ b_2 \end{bmatrix}, 0 \equiv \begin{bmatrix} 0 \\ 0 \end{bmatrix}$$

とすると、未知数「x_1, x_2」に関する「連立線形方程式」は、

$$AX + B = 0$$

と書けて、シンプルで美しく見える。

演算規則をうまく調整すると、上述の「連立線形方程式」の「解」は「 $X = -A^{-1}B$ 」と書ける。

このようにして作った「 A , B , X , 0 」を**「行列」**と呼ぶ。

行列「 A 」の逆行列「 A^{-1} 」が存在するか否かの「判定」(determinant)に**「行列式」**という演算子が使われる。

行列「 A 」の行列式は、「 $\det A$ 」または「 $|A|$ 」と書く。

1.2.2 正方行列

各要素が実数からなり、「行」と「列」の大きさが等しい「行列」を、**「実正方行列」**と呼ぶ。

「実正方行列」を「 A 」とすると、次のように書ける。

$$A = \begin{bmatrix} a_{11} & a_{12} & \cdots & a_{1j} & \cdots & a_{1n} \\ a_{21} & a_{22} & & & & \\ \vdots & & \ddots & & & \\ a_{i1} & & & a_{ij} & & \\ \vdots & & & & \ddots & \\ a_{n1} & & & & & a_{nn} \end{bmatrix}$$

そこで実正方行列「 A 」は、その要素と添字を使って $\left[a_{ij}\right]$ と書くこともある。

「実正方行列」には、「和」「零元」「負元」が定義されている。

行列 $\left[a_{ij}\right]$ と行列 $\left[b_{ij}\right]$ の和は、

$$\left[a_{ij}\right] + \left[b_{ij}\right] \equiv \left[a_{ij} + b_{ij}\right]$$

であり、「行列の零元」（ゼロ行列）「0」は、すべての「要素」が「0」であるような「行列」である。

行列 $\left[a_{ij}\right]$ と行列 $\left[b_{ij}\right]$ の「積」も定義されており、

$$\left[a_{ij}\right]\left[b_{ij}\right] \equiv \sum_{k=1}^{n} \left[a_{ik} b_{kj}\right]$$

である。

この定義から、「積の単位元」(単位行列)「1」は、

$$1 \equiv \begin{bmatrix} 1 & 0 & \cdots & 0 \\ 0 & 1 & & \\ \vdots & & \ddots & \\ 0 & & & 1 \end{bmatrix}$$

でなければならないことが分かる。

単位行列「1」は $\left[\delta_{ij}\right]$ とも書く。「デルタ記号」を使うのは、歴史的理由である。

1.2.3 「直交行列」と「ユニタリ行列」

行列 $\left[a_{ij}\right]$ に対して、「行」と「列」を入れ替えた $\left[a_{ji}\right]$ は、元の行列の**「転置行列」**と呼ばれる。

「転置行列」は、

$$\left[a_{ij}\right]^t \equiv \left[a_{ji}\right]$$

のような記号を使って表わす。

もし、

$$\left[a_{ij}\right]^t = \left[a_{ij}\right]$$

であるならば、行列 $\left[a_{ij}\right]$ は、**「対称行列」**である。

$$\left[a_{ij}\right]^t = -\left[a_{ij}\right]$$

であるならば、行列 $\left[a_{ij}\right]$ は、**「反対称行列」**である。

＊

「実数」の代わりに「複素数」を用いた「正方行列」を、**「複素正方行列」**と呼ぶ。

いま「複素正方行列」を $\left[a_{ij}\right]$ で表わすとき、その「共役」と「転置」を行

なった $\left[\alpha^*_{ji}\right]$ を**「共役転置行列」**と呼ぶ。

「共役転置行列」を作る操作には特別な記号が割り当てられており、次のように表わす。

$$\left[\alpha_{ij}\right]^\dagger \equiv \left[\alpha^*_{ji}\right]$$

もし、

$$\left[a_{ij}\right]^\dagger = \left[a_{ij}\right]$$

であるならば、行列 $\left[\alpha_{ij}\right]$ は、**「エルミート行列」**である。

もし、

$$\left[a_{ij}\right]^\dagger = -\left[a_{ij}\right]$$

であるならば、行列 $\left[\alpha_{ij}\right]$ は、**「反エルミート行列」**である。

$$A^t A = 1$$

であるならば、行列「A」は、**「直交行列」**である。

複素正方行列「A」について、もし、

$$A^\dagger A = 1$$

であるならば、行列「A」は、**「ユニタリ行列」**である。

1.3 「行列」による2次元の「回転」と「内積」

1.3.1 ベクトル

「ベクトル」には、「和」「零元（ゼロベクトル）」「負元（逆ベクトル）」がある。

また、「ベクトル」は実数倍ができる。

ベクトル「$\boldsymbol{p}$」のノルム「$\|\boldsymbol{p}\|$」という量を定義できる。

「ノルム」の定義は複数あるが、最もよく用いられているものは、「ベクトル」を「ユークリッド空間」における「位置」と見なし、その「位置」の、「原点からの距離」とする定義である。

1.3.2 内積

2つのベクトル「$\boldsymbol{p}$, $\boldsymbol{q}$ 」の間に**「内積」**という演算が定義できる。

内積は$\langle \boldsymbol{p}, \boldsymbol{q} \rangle$で表わす。

ベクトルをユークリッド空間における位置「$\overrightarrow{OP}, \overrightarrow{OQ}$ 」とみなしたとき、2つのベクトルのなす角度を「t 」として、

$$\langle \boldsymbol{p}, \boldsymbol{q} \rangle \equiv \|\boldsymbol{p}\| \|\boldsymbol{q}\| \cos t$$

と定義するのが、最も一般的な内積の定義である。

この定義に従えば、ベクトル「$\boldsymbol{p}$ 」のノルム「$\|\boldsymbol{p}\|$ 」は、

$$\|\boldsymbol{p}\| = \sqrt{\langle \boldsymbol{p}, \boldsymbol{p} \rangle}$$

である。

「幾何学的な座標系」を導入すると便利なことが多々ある。

座標系を表わすベクトルを、**「基底ベクトル」**と呼ぶ。

「基底ベクトル」として、いま、「$\boldsymbol{e}_1, \boldsymbol{e}_2$」があるとする。

ベクトル「$\boldsymbol{p}$ 」の**「成分」**を、「$\boldsymbol{p}_1, \boldsymbol{p}_2$ 」で表わすと、

$$p_i = \langle \boldsymbol{p}, \boldsymbol{e}_i \rangle$$

である。ただし「i 」は、「1,2」である。

ベクトルは、成分と基底ベクトルから、次のように合成できる。

$$\boldsymbol{p} = \sum_{i=1}^{2} p_i \boldsymbol{e}_i$$

「基底ベクトル」の組として、**「正規直交系」**を選ぶとは、

$$\|\boldsymbol{e}_1\| = \|\boldsymbol{e}_2\| = 1$$

$$\langle \boldsymbol{e}_1, \boldsymbol{e}_2 \rangle = 0$$

を満たすような「$\boldsymbol{e}_1, \boldsymbol{e}_2$」 を選ぶということである。

一般には、

$$\langle \boldsymbol{e}_i, \boldsymbol{e}_j \rangle = \delta_{ij}$$

と書くことが多い。

1.3.3 ベクトルの回転

ベクトル「$\boldsymbol{p}$」の「正規直交系」での成分「$\boldsymbol{p}_1, \boldsymbol{p}_2$」を行列風に、

$$\begin{bmatrix} p_1 \\ p_2 \end{bmatrix}$$

と書くと便利なことがある。

ベクトル「$\boldsymbol{p}$」で表わされる位置（これを今後「$\overrightarrow{OP}$」としよう）を「原点まわりに $\boldsymbol{t}$ 回転させた位置」（これは「$\overrightarrow{OP'}$」とする）のベクトル「$\boldsymbol{p}'$」の成分は次のように計算できる。

$$\begin{bmatrix} p_1' \\ p_2' \end{bmatrix} = \begin{bmatrix} \cos t & -\sin t \\ \sin t & \cos t \end{bmatrix} \begin{bmatrix} p_1 \\ p_2 \end{bmatrix}$$

証明は「本文」を参照。

ここで「行列」、

$$\boldsymbol{T}(t) \equiv \begin{bmatrix} \cos t & -\sin t \\ \sin t & \cos t \end{bmatrix}$$

を挿入し、「ベクトル」と「行列」を意図的に混同すると、

$$\boldsymbol{p}' = \boldsymbol{T}(t)\,\boldsymbol{p}$$

という簡潔な式が得られる。

ここで行列だとか成分だとかを一切忘れて、ベクトル「$\boldsymbol{p}$」に作用するものとして「$\boldsymbol{T}(t)$」を捉える。

この「$\boldsymbol{T}(t)$」は**「作用素」**と呼ばれる。

1.4 「複素数」による「2次元の回転」

1.4.1 「複素数」で表わす2次元ベクトル

「正規直交系」の「基底ベクトル」とは、

$$\left\langle \boldsymbol{e}_i, \boldsymbol{e}_j \right\rangle = \delta_{ij}$$

を満たしてさえいればよい。

もし、「内積」の定義を都合よく選べば、

$$\boldsymbol{e}_1 = 1, \boldsymbol{e}_2 = i$$

なる座標系を作ることができる。

実際、この「座標系」は**「複素座標系」**または「ガウス座標系」と呼ばれる。

ここに「内積」の定義として、

$$\langle \alpha, \beta \rangle \equiv \alpha^* \beta$$

を採用した。

1.4.2 回転

複素座標系における「回転の作用素」の「$\boldsymbol{U}(t)$」は、次の形を取る。

$$\boldsymbol{U}(t) = \cos t + i \sin t$$

ベクトル「$\boldsymbol{p}$」を回転させるとは、作用素「$\boldsymbol{U}(t)$」は、次のように左から掛けることで表現される。

$$\boldsymbol{p}' = \boldsymbol{U}(t)\,\boldsymbol{p}$$

オイラーの公式、

$$\exp it = \cos t + i \sin t$$

を用いると、回転「$\boldsymbol{U}(t)$」は、

$$\boldsymbol{U}(t) = \exp it$$

とさらに簡潔に書ける。

1.4.3 「ベクトル」と「行列」と「複素数」の関係

「2次元ベクトル」が「行列」でも「複素数」でも書けるのは、「基底ベクトル」の取り方次第だからである。

「基底ベクトル」に「正規直交系」を選ぶと便利であった。

「正規直交系」とは、「基底ベクトル」の「$\boldsymbol{p}_i$」が、

$$\left\langle \boldsymbol{e}_i, \boldsymbol{e}_j \right\rangle = \delta_{ij}$$

でありさえすればよく、「内積」をうまく定義してやれば、自由に「基底ベクトル」を選べる。

「行列スタイル」を採用して、

$$\boldsymbol{e}_1 = \begin{bmatrix} 1 \\ 0 \end{bmatrix}, \boldsymbol{e}_2 = \begin{bmatrix} 0 \\ 1 \end{bmatrix}$$

としてもよかったし、「複素数スタイル」を採用して、

$$\boldsymbol{e}_1 = 1, \boldsymbol{e}_2 = i$$

としてもよかった。

どちらかと言えば、「複素数スタイル」のほうが数としてのインターフェイスを使えるので優れているとは言える。

そこで「数」としてのインターフェイスを保ちつつ、「行列」も使えないかと考えると、

$$\boldsymbol{e}_1 = \begin{bmatrix} 1 & 0 \\ 0 & 1 \end{bmatrix}, \boldsymbol{e}_2 = \begin{bmatrix} 0 & -1 \\ 1 & 0 \end{bmatrix}$$

という「基底ベクトル」もよいことに気づくだろう。

この場合「$\boldsymbol{e}_1$」のほうは、「単位行列1」と同じであるので、もうひとつの「$\boldsymbol{e}_2$」のほうを「虚数単位」の「i」に対応させて、

$$i' \equiv \begin{bmatrix} 0 & -1 \\ 1 & 0 \end{bmatrix}$$

と名づけてもかまわない。

1.5 「行列」による「3次元の回転」と「外積」

1.5.1 外積

「2次元」の「ユークリッド空間」を「3次元」に拡張するのは、わけないことだ。

とりわけ、「行列スタイル」であれば、ほとんど自動的に、

$$e_1 = \begin{bmatrix} 1 \\ 0 \\ 0 \end{bmatrix}, e_2 = \begin{bmatrix} 0 \\ 1 \\ 0 \end{bmatrix}, e_3 = \begin{bmatrix} 0 \\ 0 \\ 1 \end{bmatrix}$$

を採用すればよいことが分かる。

ここで、「3次元空間」で非常にうまくいくトリックを導入する。

次に述べる**「外積」**という演算を、「3次元ベクトル同士に定義」する。

$$\boldsymbol{r} = \boldsymbol{p} \times \boldsymbol{q}$$

ここにベクトル「$\boldsymbol{r}$」は、ベクトル「$\boldsymbol{p}$」および「$\boldsymbol{q}$」に直交し、その「ノルム」がベクトル「$\boldsymbol{p}$」とベクトル「$\boldsymbol{q}$」の張る「平行四辺形」に等しいとする。

ベクトル「$\boldsymbol{r}$」の向きは、右手で「直交座標系」を作り、ベクトル「$\boldsymbol{p}$」を「右手親指」、ベクトル「$\boldsymbol{q}$」を「右手人差し指」とした場合、「右手中指」の方向である。

定義から、ベクトル「$\boldsymbol{p}$」とベクトル「$\boldsymbol{q}$」の角度を「t」としたときに、

$$\|\boldsymbol{r}\| = \|\boldsymbol{p}\|\|\boldsymbol{q}\|\sin t$$

である。

「外積」は、成分ごとに計算すると手っ取り早い。

$$\boldsymbol{p} \times \boldsymbol{q} = \begin{bmatrix} p_2q_3 - p_3q_2 \\ p_3q_1 - p_1q_3 \\ p_1q_2 - p_2q_1 \end{bmatrix}$$

少しでもスタイリッシュにしたければ、「行列式」を使うこともできる。

$$\boldsymbol{p}\times\boldsymbol{q}=\det\begin{bmatrix} e_1 & p_1 & q_1 \\ e_2 & p_2 & q_2 \\ e_3 & p_3 & q_3 \end{bmatrix}$$

三重積

$$\boldsymbol{p}\times\boldsymbol{q}\times\boldsymbol{r}=\boldsymbol{q}\langle\boldsymbol{p},\boldsymbol{r}\rangle-\boldsymbol{r}\langle\boldsymbol{p},\boldsymbol{q}\rangle$$

は大切な関係である。

1.5.2 回転

「3次元ユークリッド空間」の「回転」を考える。

いま「3 軸まわりの回転」だけを考えると、それは「2次元の回転」と変わらい。「3 軸まわりの t 回転」を「$\boldsymbol{T}_3(t)$」とすると、

$$\boldsymbol{T}_3(t)=\begin{bmatrix} \cos t & -\sin t & 0 \\ \sin t & \cos t & 0 \\ 0 & 0 & 1 \end{bmatrix}$$

である。同じく「2軸まわり」は、

$$\boldsymbol{T}_2(t)=\begin{bmatrix} \cos t & 0 & \sin t \\ 0 & 1 & 0 \\ -\sin t & 0 & \cos t \end{bmatrix}$$

であり、「1軸まわり」は、

$$\boldsymbol{T}_1(t)=\begin{bmatrix} 1 & 0 & 0 \\ 0 & \cos t & -\sin t \\ 0 & \sin t & \cos t \end{bmatrix}$$

である。

これらの「回転行列」のうち，2つを組み合わせれば、「3次元の回転」はすべて表現できる。

1.5.3 もう一つの回転

回転の計算に外積を使うこともできる。

ベクトル「$\boldsymbol{p}$」をベクトル「$\boldsymbol{r}$」まわりに「t 回転」させたベクトル「$\boldsymbol{p}'$」は、

$$\boldsymbol{p}' = \boldsymbol{p}\cos t + \boldsymbol{r}\times\boldsymbol{p}\sin t + \boldsymbol{r}\langle\boldsymbol{r},\boldsymbol{p}\rangle(1-\cos t)$$

である。ただし「$\|\boldsymbol{r}\|=1$」を仮定した。証明は「本文」を参照[*1]。

＊1 この式はロドリゲスの式と呼ばれている。

1.6 「クォータニオン」による「3次元の回転」

1.6.1 パウリ行列

「2次元」の場合、「正規直交系」の「基底ベクトル」として「行列」と「複素数」のどちらも選べた。

「3次元」の場合の「複素数」に相当する「基底ベクトル」はあるだろうか。

次の「複素行列」は、「3次元」の「正規直交基底」であることが知られている。

$$\sigma_1 = \begin{bmatrix} 0 & 1 \\ 1 & 0 \end{bmatrix}, \sigma_2 = \begin{bmatrix} 0 & -i \\ i & 0 \end{bmatrix}, \sigma_1 = \begin{bmatrix} 1 & 0 \\ 0 & -1 \end{bmatrix}$$

これらの行列は、**「パウリ行列」**と呼ばれている。

「パウリ行列」は、さまざまな良い性質をもつ。

各々の行列の「自乗」は「単位行列」になる。

$$\sigma_1{}^2 = 1,\ \sigma_2{}^2 = 1,\ \sigma_3{}^2 = 1$$

各々の行列の積は、残りの行列になる。

$$\sigma_1\sigma_2 = \sigma_3,\ \sigma_2\sigma_3 = \sigma_1,\ \sigma_3\sigma_1 = \sigma_2$$

この性質は、すなわち通常の「行列積」が「ベクトルの外積」として使えることを示す。

各々の行列の「内積」が「1」になるように、内積を「定義」できる。

「内積」の定義を、

$$\langle A, B\rangle \equiv \frac{1}{2}\mathrm{tr}\left(A^t B\right)$$

　ここの「tr」は、「対角成分の総和」をとる「演算子」で、「トレース」と呼ばれる。
　この定義を用いると、「パウリ行列」の各々の「内積」は、「0」になる。

$$\langle \sigma_1, \sigma_2 \rangle = \langle \sigma_2, \sigma_3 \rangle = \langle \sigma_3, \sigma_1 \rangle = 0$$

　一方で、「同じ行列」同士の「内積」は、「1」になる。

$$\langle \sigma_1, \sigma_1 \rangle = \langle \sigma_2, \sigma_2 \rangle = \langle \sigma_3, \sigma_3 \rangle = 1$$

　「パウリ行列」を、「3次元ベクトル」の「基底」にできる。

$$\boldsymbol{p} = \sum_{i=0}^{3} p_i \sigma_i$$

　「パウリ行列」を使った回転も可能であるが、その応用である「クォータニオン」について先に述べる。
　「パウリ行列」に関しては、「リー代数」の章で再び述べる。

1.6.2 クォータニオン

　「パウリ行列」に一工夫を加えると、「クォータニオン」が得られる。

$$\Phi = 1a + i\sigma_3 b + i\sigma_2 c + i\sigma_1 d$$

なる量「$\boldsymbol{\Phi}$」は、「クォータニオン」としての性質をすべてもつ。
　また、「$i\sigma_3, i\sigma_2, i\sigma_1$」は、「クォータニオン単位」の性質をもつ。
　そこで、

$$\boldsymbol{e}_1 = \imath\sigma_3,\ \boldsymbol{e}_2 = \imath\sigma_2,\ \boldsymbol{e}_3 = \imath\sigma_1$$

を「基底ベクトル」として採用しよう。

　ベクトル「$\boldsymbol{p}$」をベクトル「$\boldsymbol{r}$」まわりに「t 回転」させる演算子を「$U(\boldsymbol{r}, t)$」とする。
　回転後のベクトル「$\boldsymbol{p}'$」は、演算子「$U(\boldsymbol{r}, t)$」を用いて

$$\boldsymbol{p}' = \boldsymbol{U}^*(\boldsymbol{r}, t)\boldsymbol{p}\boldsymbol{U}(\boldsymbol{r}, t)$$

のように計算できる。
　ここに、

$$\boldsymbol{U}(\boldsymbol{r}, t) = 1\cos\frac{t}{2} + \boldsymbol{r}\sin\frac{t}{2}$$

である。証明は「本文」にある。

1.6.3 球面線形補間

省略。

1.7 「テンソル」と「スピノール」

ベクトル「$\boldsymbol{p}$」を成分で「p_i」と書いてみる。「回転の演算子 $\boldsymbol{T}$」も成分で「T_{ij}」と書いてみる。「ベクトルの回転」は、

$$p'_j = \sum_{i=1}^{N} T_{ij} p_i$$

である。

「行列の書き方」を用いると、次のように書き直せる。

$$\left[p'_j \right] = \left[T_{ij} \right] \left[p_i \right]$$

または、

$$\boldsymbol{p}' = \boldsymbol{T}\boldsymbol{p}$$

このように変換される「p_i」を、**「1 階テンソル」**と呼ぶ。

次のように変換される「テンソル」もあり、これを**「2 階テンソル」**と呼ぶ。

$$P'_{kl} = \sum_{i=1}^{N} \sum_{j=1}^{N} T_{ik} T_{jl} P_{ik}$$

この式を「行列」を用いて書くと、「行列の演算の非対称性」から、若干の工夫が必要になる。

結局、

$$\left[P'_{ij} \right] = \left[T_{ij} \right]^t \left[P_{ij} \right] \left[T_{ij} \right]$$

または、

$$\boldsymbol{P}' = \boldsymbol{T}^t \boldsymbol{P}\boldsymbol{T}$$

となる。

繰り返すと、「1 階テンソル」とは、

$$\boldsymbol{p}' = \boldsymbol{T}\boldsymbol{p}$$

と変換される量である。「2 階テンソル」とは、

$$\boldsymbol{P}' = \boldsymbol{T}^t \boldsymbol{P}\boldsymbol{T}$$

と変換される量である。

ここで「1階テンソル」はクオータニオンを使えば、

$$\boldsymbol{p}' = \boldsymbol{U}^* \boldsymbol{p} \boldsymbol{U}$$

と書けたことを思い出そう。

では、

$$\boldsymbol{\phi}' = \boldsymbol{U} \boldsymbol{\phi}$$

なる量「$\boldsymbol{\phi}$」はあるだろうか。この「$\boldsymbol{\phi}$」こそが、**「スピノール」**である。

「スピノール」は、「行列」で表示できる。

$$\boldsymbol{\phi} = \begin{bmatrix} \phi_1 \\ \phi_2 \end{bmatrix}$$

「共役スピノール」を定義しておくと、「スピノールの内積」が計算しやすい。

$$\boldsymbol{\phi}^* = \begin{bmatrix} -\phi_2 & \phi_1 \end{bmatrix}$$

こうしておけば、「スピノールの内積」は、

$$\langle \boldsymbol{\phi}, \boldsymbol{\chi} \rangle = \boldsymbol{\phi}^* \boldsymbol{\chi}$$

と演算できて都合がよい。

展開すると、

$$\begin{aligned} \langle \boldsymbol{\phi}, \boldsymbol{\chi} \rangle &= \boldsymbol{\phi}^* \boldsymbol{\chi} \\ &= \begin{bmatrix} -\phi_2 & \phi_1 \end{bmatrix} \begin{bmatrix} \chi_1 \\ \chi_2 \end{bmatrix} \\ &= \phi_1 \chi_2 - \phi_2 \chi_1 \end{aligned}$$

であり、この量は、「回転」に対して「不変」である。

「スピノール」は、「2π 回転」で「符号」が入れ替わる。

$$\boldsymbol{\phi} = -U(2\pi)\boldsymbol{\phi}$$

「スピノール」の「掛け算」の間に、「パウリ行列」を挟むと、楽しい。

$$p_i = \boldsymbol{\phi}^* \sigma_i \boldsymbol{\chi}$$

このようにして出来た「p_i」は、「1階3元テンソル」としての変換性を示す。いま、

$$\sigma_0 \equiv 1$$

を挿入すると、

$$\langle \phi, \chi \rangle = \phi^* \sigma_0 \chi$$

$$p_i = \phi^* \sigma_i \chi$$

であるから「$\langle \phi, \chi \rangle$」と「$p_i$」を1つにして、「4元のテンソル$p_i$」ただし「$i = \{0,1,2,3\}$」を考えてもよい。

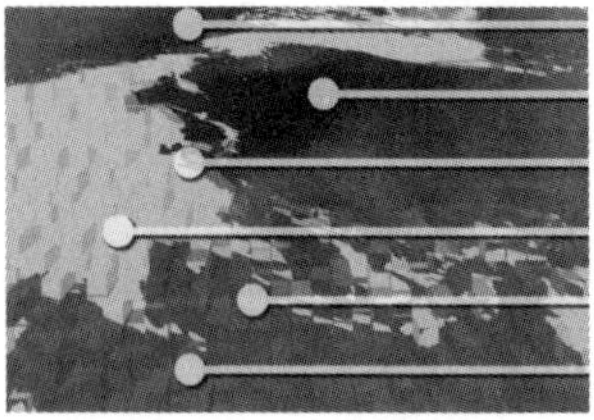

memo

[補講2]「群・環・体」と「クォータニオン」

ここでは「代数的構造」にスポットライトをあてる。

まず回転が「群」という構造を作っていることを示し、「群」から「環」「体」とより複雑な構造を見ていく。

最後に、「実数」「複素数」、そして「クォータニオン」が同じ「体」のメンバであることを確認する。

2.1 回転群

「2次元の回転」の「合成」を考えてみよう。

「原点まわりの t 回転」を「$T(t)$」とする。

また、「回転 $T(t)$」ともう一つの「回転 $T(u)$」の「合成」(連続させた回転)を「$T(u) \bullet T(t)$」とする。

まず、「t 回転」させて、続いて「u 回転」させるのと、一気に「$t+u$ 回転」させるのは、同じことなので、

$$T(u) \bullet T(t) = T(t+u)$$

が成り立つ。

この式の左辺を「インターフェイス」、右辺を「実装」と見なしてみよう。

「2 項演算子」のままだと記述が不便なので、関数ぽく書いてみることにする。

$$\bullet(T(u), T(t)) = T(t+u)$$

これは「$A \bullet B$」を「$\bullet(A, B)$」と書いただけで、意味は同じである。

さて、「回転」を表わす「C++ クラス」を「rot2d」としてみよう。

「クラスrot2d」の2つの「インスタンス」から合成された「新しいrot2d インスタンス」を返す「コンストラクタ」は、次のようになるだろう。

```
class rot2d {
      private:
            double t;
      public:
            rot2d(double _t): t(_t) { }
            rot2d(const rot2d &a, const rot2d &b) {
                  t = a.t + b.t;
            }
      // ...
}
```

このコンストラクタ「rot2d(const rot2d &, const rot2d &)」こそが、「合成の関数 ● 」なのである。

さて、この「合成の演算子 ● 」には、次のような「結合律」が成り立つ。

$$T(t)\bullet\left(T(u)\bullet T(v)\right)=\left(T(t)\bullet\left(T(u)\right)\right)\bullet T(v)$$
$$=T\left(t+u+v\right)$$

これは、「rot2d(rot2d(a, b), rot2d(c))」と「rot2d(rot2d(a), rot2d(b, c))」が、同じ意味のインスタンスを生成するのと同じことである。

ところで、「回転」には「何もしない」回転もある。「原点周り0の回転」だ。

「回転 $T(0)$」は何もしないから、次式が成り立つ。

$$T(0)\bullet T(t)=T(t)\bullet T(0)=T(t)$$

「回転 $T(0)$」 は、C++ コードでは「rot2d(0)」に相当する。

次のような、「デフォルト・コンストラクタ」にしてもよいかもしれない。

```
class rot2d {
      // ...
      public:
            rot2d(): t(0) { } // 何もしない回転を作る
      // ...
};
```

「回転$T(t)$」には、「逆回転$T(-t)$」がある。

$$T(-t)\bullet T(t)=T(0)$$

「逆回転」を表わす特別な記号を発明しておこう。

$$T^{-}(t)\equiv T(-t)$$

左辺を「インターフェイス」、右辺を「実装」と考えると、「回転角度tの符号を入れ替える」というディテールから、インターフェイスを隠すことができる。

C++ での実装は、次のようになるだろう。

```
class rot2d {
      // ...
      public:
            rot2d inverse() const { return rot2d(-t); }
      // ...
};
```

「メンバ関数inverse」は自身の逆回転を新たに生成して返す。

ここで、「回転T全体」の集合「T」を考えてみる。

集合「T」の「元（要素）」は無限にあり、

$$\mathrm{T}=\left\{T(0),T(t_1),T(t_2),\ldots\right\}$$

となる。

このような集合「T」と、その「集合の元」に対する「合成の規則」（または関係）である「演算子●」について、「結合律」が成り立ち,「何もしない」元（単位元）があり、「逆元」がある場合、「組み合わせ$(\mathrm{T},\bullet)$」を**「群」**と呼ぶ。

この節で見たような、「回転を表わす群」を、特別に、**「回転群」**と呼ぶ。

2.2 群

改めて「群」について考える。

「集合$\mathbf{A}$」の元「$a_1, a_2 \in \mathbf{A}$」を考える。

元「a_1, a_2」を「引数」に取り、「集合$\mathbf{A}$の元」を返す「関数$\bullet$」を考えよう。

どういうわけか、多くの人は単に、

$$\bullet(a_1, a_2)$$

と書くよりも、

$$a_1 \bullet a_2$$

と書くことを好む。また、「$\bullet$」のことを、「関数」ではなくて**「中置演算子」**と呼ぶ。

いずれにせよ、2引数関数を「中置演算子」として書くのは、単なる**「シンタックス・シュガー」**である。

さて、この「演算子$\bullet$」について、「$a_1, a_2, a_3 \in \mathbf{A}$」のとき、

$$a_1 \bullet a_2 \in \mathbf{A}$$

であり、「結合律」、

$$a_1 \bullet (a_2 \bullet a_3) = (a_1 \bullet a_2) \bullet a_3$$

が成り立ち，任意の「元$a \in \mathbf{A}$」について、次のような「単位元ϵ」があり、

$$\epsilon \bullet a = a \bullet \epsilon = a$$

逆元「a^-」ただし、

$$a^- \bullet a = \epsilon$$

が存在するとき、「集合$\mathbf{A}$」と「演算子$\bullet$」の「組み$(\mathbf{A}, \bullet)$」を「群」と呼ぶのであった。

たとえば、「整数全体」からなる「集合$\mathbb{Z}$」は、「加算演算子$+$」との「組み$(\mathbb{Z}, +)$」は「群」を作っている。

確かめてみると、

---

1. 「$a, b \in \mathbb{Z}$」のとき、「$a + b \in \mathbb{Z}$」である
2. 「$a + (b + c) = (a + b) + c$」である
3. 「$0 + a = a + 0 = a$」なる「単位元0」がある

4.「 $a^{-}+a=0$ 」なる「逆元 a^{-} 」がある

である。

ちなみに、「加算」に関して言うと、「 a^{-} 」は通常の数学では「 $-a$ 」と書く。

「加算」に関して言えば、「 $a+b=b+a$ 」と、「二項演算子」の前後を入れ替えても、結果は等しい。

これを「**可換律**が成り立っている」と呼び，可換律の成り立つ群を**「可換群」**または**「加法群」**または**「アーベル群」**と呼ぶ。

2.3 「環」と「代数」

「群の条件」をおさらいしておこう。

「群」とは、ある「集合 $\mathbf{A}$ 」とその「集合の元」に対して定義されている「演算子（2引数関数，関係） ● 」について、

1.「 $a,b \in \mathbf{A}$ 」について「 $a \bullet b \in \mathbf{A}$ 」である
2.「演算子 ● 」について「結合律」が成り立つ
3.「演算子 ● 」に関する「単位元」がある
4.「演算子 ● 」に関する「逆元」がある

の条件が揃っているものを指す。

このうち、「条件1」から「3」までだけを満たすものを、**「モノイド」**または**「単位的半群」**と呼び、「条件1」から「2」までだけを満たすものを**「半群」**と呼ぶ。

いま、「集合 $\mathbf{A}$ 」にもうひとつの「演算子 ✠ 」が定義されていたとする。

そして、もし組み合わせ($\mathbf{A}$, ●) が「可換群」であり、($\mathbf{A}$, ✠) が「モノイド」であり、2つの演算子「 ● 」と「 ✠ 」の間に次の関係（これを**「分配律」**と呼ぶ）、

$$a✠(b \bullet c)=(a✠b) \bullet (a✠c)$$

$$(a \bullet b)✠c=(a✠c) \bullet (b✠c)$$

がある場合、組み合わせ $(\mathbf{A}, \bullet, ✠)$ を**「環」**と呼ぶ。「環」はしばしば**「代数」**とも呼ばれる。

(「環」以外にも「代数」と呼ばれる構造はあり、それが本書の最後に述べる「束」である)。

抽象的な話が続いたが、これまでの「集合 **A** 」を、たとえば「整数全体の集合 $\mathbb{Z}$ 」とし、「演算子✠」を「乗算」、「演算子●」を「加算」とすると、「実数全体の集合」は「加算」、「乗算」に関して「環」になっていることが分かる。

このとき、「加算」の「単位元 ϵ 」は「0」 であり、「乗算」の「単位元 ε 」は1である。

2.4 体

ある「代数的構造」すなわち「集合 **A** 」と「演算子●,✠」の「組み合わせ $(\mathbf{A},\bullet,✠)$ 」について、

・「演算子●」に関して「可換群」をなす
・「演算子●」と「✠」の間に「分配律」が成り立つ
・「演算子✠」に関して「モノイド」をなす

であるとき、「組み合わせ $(\mathbf{A},\bullet,✠)$ 」を「環」と呼ぶのであった。

ここで最後の条件を少し厳しくして、

・「演算子●」に関して「可換群」をなす
・「演算子●」と「✠」の間に「分配律」が成り立つ
・「演算子✠」に関して「群」をなす（ただし「演算●」の「単位元」に関しては「逆元」が無くてもよい）

とした場合、「組み合わせ $(\mathbf{A},\bullet,✠)$ 」を **「体」** と呼ぶ。

「整数」とその「加算」「乗算」の「組み合わせ $(\mathbb{Z},+,\cdot)$ 」は「環」ではあるが、「体」ではない。

これは「乗法に関する逆元」がないからである。

たとえば「2」は「整数」であり、その「乗法単位元」は「1」だが、「 $\frac{1}{2}$ 」は「整数」ではないので、 $(\mathbb{Z},+,\cdot)$ は「体」としての性質を満たしていない。

一方で、「実数」とその「加算」「乗算」の「組み合わせ($\mathbb{R}$, + , ·)」は「体」である。

むしろ，実数の性質を抽象化したものが体と言ってもよいだろう。

「複素数 $\mathbb{Z}$ 」とその「加算」「乗算」の組み合わせ($\mathbb{Z}$, + , ·) もまた「体」である。

そして、我らが「クォータニオン」もまた「体」である。

2.4.1 四元数体

「クォータニオン」は「体」のひとつである。

「クォータニオン」のことを「四元数体」と言う。

「体」の性質とは、「代数的構造 $\left(\mathbf{A}, \bullet, ✠\right)$」について、

・「演算子 ● 」に関して「可換群」をなす

・「演算子 ● 」と「 ✠ 」の間に「分配律」が成り立つ

・「演算子 ✠ 」に関して「群」をなす（ただし「演算 ● 」の「単位元」に関しては「逆元」が無くてもよい）

が成り立つことであった。

ここで、「クォータニオン」全体からなる「集合 $\mathbb{H}$ 」を考え、これの「加算 ＋ 」と「乗算・ 」からなる組み合わせ $\left(\mathbb{H}, +, \cdot\right)$ は、

・加算(＋) に関して「可換群」をなす

・加算(＋) と乗算(・)の間に「分配律」が成り立つ

・乗算(・) に関して「群」をなす（ただし「0」に関しては「逆元」が無い）

を満たしている。

「実数」「複素数」が「乗算」に関して、「可換群」を作っているのに対し、「クォータニオン」の「乗算」は「可換」ではない。

これをもって、「クォータニオン」の作る「体」を**「斜体」**と呼ぶこともある。

これが、「クォータニオン」がちゃんと「数」の仲間であることの，理論的な裏付け（後付け）である。

[補講3] リー代数

ここでは、「回転」の「舞台裏」である「リー代数」について紹介する。

「リー代数」は、「無限小の回転」を決定している構造のことである。

「2次元」の場合、「2×2 行列」でも「複素数」でも回転を表現できた。

「3次元」の場合、「3×3 行列」でも「クォータニオン」でも「回転」を表現できた。

その背後を統一的に説明するのが、「リー代数」なのである。

3.1 テイラー展開

「複素関数 f 」があるとする。「関数 f 」は「無限回微分」できるとし、「関数 f 」を「 n 回微分」したものを「 $f^{(n)}$ 」と書く。

「関数 f 」は、次のように分解（展開）できることが知られている。

$$f(t)=\sum_{i=0}^{\infty}\frac{f^{(i)}(a)}{i!}(t-a)^i$$
$$=f(a)+f^{(1)}(a)t+\frac{1}{2}f^{(2)}(a)t^2+\dots$$

これを**「テイラー展開」**または**「冪級数展開」**と呼ぶ。

特に「 $a=0$ 」の場合を、**「マクローリン展開」**と呼ぶ。

三角関数「 $\sin t$ 」や「 $\cos t$ 」は「無限回の微分」が可能なので、「テイラー展開」できる。

結果だけ書くと、次のようになる。

$$\sin t=t-\frac{1}{6}t^3+\frac{1}{120}t^5-\dots$$

$$\cos t=1-\frac{1}{2}t^2+\frac{1}{24}t^4-\dots$$

「テイラー展開」のご利益は、「関数」を「加算乗算」に分解できるだけでなく，「パラメータ t 」が非常に小さいときに顕著になる。

「パラメータ t 」が非常に小さいことを強調するために「 Δt 」と書くことにしよう。

「パラメータ Δt 」が「 $|\Delta t| \ll 1$ 」とすると、「 $\Delta t^2 \simeq 0$ 」と見なせるから、先ほどの「三角関数」、

$$\sin \Delta t \simeq \Delta t$$
$$\cos \Delta t \simeq 1$$

と見なせるのである。

3.2 「行列」の「指数関数」

実数「 a 」の指数関数「 $\exp a$ 」は、次のように「マクローリン展開」できる。

$$\exp a = \sum_{i=0}^{\infty} \frac{a^i}{i!}$$
$$= 1 + a + \frac{1}{2}a^2 + \frac{1}{6}a^3 + \ldots$$

そこで「行列 A 」についても、指数関数「 $\exp A$ 」を次のように定義する。

$$\exp A \equiv \sum_{i=0}^{\infty} \frac{A^i}{i!}$$
$$= 1 + A + \frac{1}{2}A^2 + \frac{1}{6}A^3 + \ldots$$

ただし、

$$A^0 = 1$$

とした。

いま、「行列 Z 」を、

$$Z \equiv \begin{bmatrix} 0 & -1 \\ 1 & 0 \end{bmatrix}$$

と定義しよう。

この「行列 Z 」の指数関数「 $\exp Z$ 」は、「マクローリン展開」できる。

$$\exp Z \equiv \sum_{i=0}^{\infty} \frac{Z^i}{i!}$$
$$= 1 + Z + \frac{1}{2}Z^2 + \frac{1}{6}Z^3 + \ldots$$

ただし「1」は単位行列のことである。

これで指数関数「 $\exp Z$ 」を単なる足し算掛け算に分解できたので、我々が普段知っている算術規則で計算できる。

展開すると、

$$\exp Z = \begin{bmatrix} 1 & 0 \\ 0 & 1 \end{bmatrix} + \begin{bmatrix} 0 & -1 \\ 1 & 0 \end{bmatrix} + \frac{1}{2}\begin{bmatrix} 0 & -1 \\ 1 & 0 \end{bmatrix}^2 + \ldots$$
$$= \begin{bmatrix} 1 & 0 \\ 0 & 1 \end{bmatrix} + \begin{bmatrix} 0 & -1 \\ 1 & 0 \end{bmatrix} - \frac{1}{2}\begin{bmatrix} 1 & 0 \\ 0 & 1 \end{bmatrix} + \ldots$$

のように定数の「行列」が得られるのだが、「パラメータ t 」を導入して「 $\exp Zt$ 」を計算すると、面白いことが起こる。

$$\exp Zt = \begin{bmatrix} 1 & 0 \\ 0 & 1 \end{bmatrix} + \begin{bmatrix} 0 & -1 \\ 1 & 0 \end{bmatrix} t + \frac{1}{2}\begin{bmatrix} 0 & -1 \\ 1 & 0 \end{bmatrix}^2 t + \frac{1}{6}\begin{bmatrix} 0 & -1 \\ 1 & 0 \end{bmatrix}^3 t^3 \ldots$$
$$= \begin{bmatrix} 1 & 0 \\ 0 & 1 \end{bmatrix} + \begin{bmatrix} 0 & -1 \\ 1 & 0 \end{bmatrix} t - \frac{1}{2}\begin{bmatrix} 1 & 0 \\ 0 & 1 \end{bmatrix} t - \frac{1}{6}\begin{bmatrix} 0 & -1 \\ 1 & 0 \end{bmatrix} t^3 + \ldots$$
$$= \begin{bmatrix} 1 & 0 \\ 0 & 1 \end{bmatrix}\left(1 - \frac{1}{2}t^2 + \ldots\right) + \begin{bmatrix} 0 & -1 \\ 1 & 0 \end{bmatrix}\left(t - \frac{1}{6}t^3 + \ldots\right)$$
$$= \begin{bmatrix} 1 & 0 \\ 0 & 1 \end{bmatrix}\cos t + \begin{bmatrix} 0 & -1 \\ 1 & 0 \end{bmatrix}\sin t$$

最後の変形で、次の関係を使った。

$$\cos t = 1 - \frac{1}{2}t^2 + \frac{1}{24}t^4 - \ldots$$

$$\sin t = t - \frac{1}{6}t^3 + \frac{1}{120}t^5 - \ldots$$

まとめると、次の関係があることが分かる。

$$\exp Zt = 1\cos t + Z\sin t$$

これは、「行列版オイラーの公式」である。

「2次元の回転行列 $\boldsymbol{T}(t)$ 」を、「指数関数」で書き直してみる。

$$\begin{aligned}\boldsymbol{T}(t) &= \exp Zt \\ &= 1\cos t + Z\sin t \\ &= \begin{bmatrix} 1 & 0 \\ 0 & 1 \end{bmatrix}\cos t + \begin{bmatrix} 0 & -1 \\ 1 & 0 \end{bmatrix}\sin t \\ &= \begin{bmatrix} \cos t & -\sin t \\ \sin t & \cos t \end{bmatrix}\end{aligned}$$

この式は、「ガウス平面」を使った場合の「回転」と酷似していることが分かるだろう。

$$\begin{aligned}\boldsymbol{U}(t) &= \exp it \\ &= \cos t + i\sin t\end{aligned}$$

であった。

「オイラーの公式」は、「実数軸」からなる「正規直交系」と「ガウス平面」とを結びつけている、とも言える。

3.3 「3次元の回転」の「指数関数表示」

「行列の指数関数」を使うと、「回転行列」も「指数関数」で作ることができる。

$$\boldsymbol{T}_i = \exp Y_i t$$

ここに、

$$Y_1 = \begin{bmatrix} 0 & 0 & 0 \\ 0 & 0 & 1 \\ 0 & -1 & 0 \end{bmatrix}$$

$$Y_2 = \begin{bmatrix} 0 & 0 & -1 \\ 0 & 0 & 0 \\ 1 & 0 & 0 \end{bmatrix}$$

$$Y_3 = \begin{bmatrix} 0 & 1 & 0 \\ -1 & 0 & 0 \\ 0 & 0 & 0 \end{bmatrix}$$

である。「行列 Y_i 」を「3次元回転の**生成子**」と呼ぶ。

ここで、「三角関数」の「テイラー展開」を思い出そう。

$$\cos t = 1 - \frac{1}{2}t^2 + \frac{1}{24}t^4 - \dots$$

$$\sin t = t - \frac{1}{6}t^3 + \frac{1}{120}t^5 - \dots$$

もし「 Δt 」が充分小さいとき、すなわち「 $|\Delta t| \ll 1$ 」のときには、「2 次以上の項」を無視できるから、

$$\cos \Delta t \simeq 1, \sin \Delta t \simeq \Delta t$$

であり、これを利用すると、

$$T_1\left(\Delta t_1\right)T_2\left(\Delta t_2\right)T_3\left(\Delta t_3\right)=\begin{bmatrix}1 & \Delta t_3 & -\Delta t_2\\ -\Delta t_3 & 1 & \Delta t_1\\ \Delta t_2 & -\Delta t_1 & 1\end{bmatrix}$$
$$=1+\sum_{i=1}^{3}Y_i\Delta t_i$$

となり、「回転演算子」を「線形」にできる。

ここで再び「生成子」が顔を出すが、これこそが「回転」の本質を表わす重要な行列なのである。それを次に見てみよう。

3.4 リー代数

ある行列「A」の指数関数「$\exp At$」が「群$\mathbf{G}$」の元であるとする。

すなわち、

$$\exp At\in\mathbf{G}$$

であるとする。

ここに「t」はパラメータである。

たとえば「行列A」として「Z」を用いた「$\exp Zt$」は、「2次元の回転行列」である。

この場合、「群$\mathbf{G}$」は2次元の回転群である。

「行列A」として、「Y_i」ただし「$i=\{1,2,3\}$」という集合を選んだ「$\exp Y_i t$」は、3次元の回転行列の集合になる。この場合「群$\mathbf{G}$」は、「3次元の回転群」である。

「行列A」の「集合$\mathbf{A}$」を「群$\mathbf{G}$」の**「リー代数」**と呼ぶ。

*

非常に小さな回転を考えてみよう。

「2次元」でも「3次元」でも同じなので、いまは「2次元」を考える。

「回転角」を「Δt」として、回転を表わす行列を「$\boldsymbol{T}\left(\Delta t\right)$」とすると、

$$\boldsymbol{T}\left(\Delta t\right)=\exp Z\Delta t$$

であった。

「回転前のベクトル」を「$\boldsymbol{p}$」、回転後のベクトルを「$\boldsymbol{p}'$」ととすると、

$$\begin{aligned}\boldsymbol{p}' &= \boldsymbol{T}(\Delta t)\,\boldsymbol{p}\\ &= \exp(Z\Delta t)\,\boldsymbol{p}\end{aligned}$$

なので、テイラー展開をすると、

$$\begin{aligned}\boldsymbol{p}' &= \left(1 + Z\Delta t + \left(\Delta t\text{の2次以上の項}\right)\right)\boldsymbol{p}\\ &\simeq \boldsymbol{p} + Z\Delta t\boldsymbol{p}\end{aligned}$$

である。

ここで、

$$\Delta\boldsymbol{p} \equiv \boldsymbol{p}' - \boldsymbol{p}$$

と定義すると、

$$\Delta\boldsymbol{p} = \Delta t Z\boldsymbol{p}$$

である。

だいぶ見慣れた形になってきただろうか。

右辺の「 Δt 」を、「左辺の分母」にもっていくと、次のようになる。

$$\frac{\Delta\boldsymbol{p}}{\Delta t} = Z\boldsymbol{p}$$

上式は「 $\Delta t \to 0$ 」の極限を考えると、理解しやすい。

すなわち、

$$\frac{d\boldsymbol{p}}{dt} = Z\boldsymbol{p}$$

であり、形式的に微分演算子「d/dt」を引き出すと、

$$\frac{d}{dt}\boldsymbol{p} = Z\boldsymbol{p}$$

となることから、これもまったく形式的に

$$\frac{d}{dt} = Z$$

と言える。

これをもって、「行列 Z が無限小回転の構造を決定している」と言う。

行列に「 Z 」を選んだのはまったくの任意であったので、上述の議論は「3次元の生成子 Y_i 」についても成り立つ。

一般に「 $\exp At \in \mathbf{G}$ 」となるような「行列 A 」の「集合 $\mathbf{A}$ 」を「集合 $\mathbf{G}$ 」の「リー代数」と呼ぶのであった。

「群 $\mathbf{G}$ 」に「2次元の回転群」を選べば、「集合 $\mathbf{A}$ 」の元は「 I 」だけである。

「群 $\mathbf{G}$ 」に「3次元の回転群」を選べば、「集合 $\mathbf{A}$ 」の元は「 Y_1, Y_2, Y_3 」である。

すなわち「群 $\mathbf{G}$ 」の「リー代数」が「無限小回転の構造を決定している」と言える。

「無限小回転の構造」と言うと長ったらしいが、要するに「回転角による微分」と思えばよい。

3.5 回転の舞台裏

「リー代数 $\mathbf{A}$ 」の元「 A 」について、その実数倍「 aA 」もまた「リー代数 $\mathbf{A}$ 」の元である。

また、証明は面倒臭いのだが、2つの元「 A_1 , A_2 」について、その和「 $A_1 + A_2$ 」もまた「リー代数 $\mathbf{A}$ 」の元である。
つまり、「リー代数」は「ベクトル空間」を張ることになる。

「ベクトル空間」には、「基底ベクトル」がつきものである。

「リー代数」においては、「生成子」が「基底ベクトル」として使える。

＊

次に、**「交換子積」**という記号を導入する。

「交換子積」とは、

$$[a,b] \equiv ab - ba$$

という演算子で、「非可換の度合い」を示すような演算子である。

「リー代数 $\mathbf{A}$ 」の元「 A_1 , A_2 」について、その「交換子積 $[A_1, A_2]$ 」もまた「リー代数 $\mathbf{A}$ 」である。

「リー代数 $\mathbf{A}$ 」の生成子を「 X_n 」とすると、「リー代数」は「ベクトル空間」を張っているから、

$$\left[X_i, X_j\right] = \sum_{k=1}^{n} f_{ijk} X_k$$

が言える。ただし、「f_{ijk}」は、「実数」である。この「実数 f_{ijk}」のことを「リー代数の**構造定数**」と呼ぶ。

＊

「3次元の回転行列」の「生成子 Y_n」について、その構造定数を調べてみよう。

$$\left[Y_i, Y_j\right] = -\sum_{k=1}^{3} \varepsilon_{ijk} Y_k$$

であり、この「ε_{ijk}」は、**「レビ・チビタ記号」**である。

「レビ・チビタ記号」とは、「添え字」によって「-1、0、1」の異なる値をとる記号。

直感的に言えば、添え字が「1、2、3」や「2、3、1」のように「自然に」並んでいれば「1」を、添え字が「2、1、3」や「1、3、2」のように「不自然に」並んでいれば「-1」を、「同じ添え字」が2回以上現われれば「0」を返す。

具体的には、

$$\varepsilon_{1,2,3} = \varepsilon_{2,3,1} = \varepsilon_{3,1,2} = 1$$

$$\varepsilon_{2,1,3} = \varepsilon_{1,3,2} = \varepsilon_{3,2,1} = -1$$

$$\varepsilon_{1,1,3} = \varepsilon_{1,2,2} = \cdots = 0$$

である（厳密には「自然な」を「偶置換」、「不自然な」を「奇置換」と呼ぶ）。

「クォータニオン」の場合の「生成子」は、「クォータニオン単位」に「$\frac{1}{2}$」をかけたものになる。

「$\frac{1}{2}$」をかけるのは、「生成子のノルム」を「1」にするためのもので、本質的なことではない。

「クォータニオン」による「回転の生成子」を「ς_n」とすると、

$$\varsigma_1 = \frac{1}{2}I$$

$$\varsigma_2 = \frac{1}{2}J$$

$$\varsigma_3 = \frac{1}{2}K$$

である。ただし、「I , J , K 」は「クォータニオン単位」である。

この生成子「 ς_n 」について「構造定数」を調べてみると、見事に、

$$\left[\varsigma_i, \varsigma_j\right] = -\sum_{k=1}^{3} \varepsilon_{ijk}\varsigma_k$$

となる。

つまり、「行列による回転」と「クォータニオンによる回転」は、同じ「構造定数」をもっていたのである。

これが、2種類の「回転」が、本質的に同じであることの理由である。

[補講4] 束

「プログラミング言語」には、たいてい「論理演算」のための「型」や「演算子」がある。「C++ 言語」で言えば、「bool（ブール）型」だ。

デジタルコンピュータは内部では論理演算しか扱えないから、ここまで紹介してきた数学も、実装レベルではすべて論理演算によてエミュレートされている。

この論理演算に関しても深い数学構造がある。

それが「ブール束」と呼ばれる構造だ。

その構造に最後に触れることにしよう。

4.1 ブール代数

「集合 $\mathbf{S}$ 」の元を「 s_1 , s_2 , s_3 」とする。

「集合 $\mathbf{S}$ 」の**「部分集合」**とは、「集合 $\mathbf{S}$ 」から「任意個（0 個でもよい）の元を取り出して作った集合」で、次のような集合たちである。

・空集合 $\varnothing$

・元が 1 個の集合 $\{s_1\}$, $\{s_2\}$, $\{s_3\}$

・元が 2 個の集合 $\{s_1, s_2\}$, $\{s_2, s_3\}$, $\{s_3, s_1\}$

・元の「集合 $\mathbf{S}$ 」

「集合 $\mathbf{S}$ 」のすべての部分集合を集めた集合を「集合 $\mathbf{S}$ の**冪集合**」と呼び、「 $\wp(\mathbf{S})$ 」と書く。

今の例で言えば、

$$\wp(\mathbf{S}) = \{\varnothing, \{s_1\}, \{s_2\}, \{s_3\}, \{s_1, s_2\}, \{s_2, s_3\}, \{s_3, s_1\}, \mathbf{S}\}$$

である。

次に、集合の「足し算」を決めておく。

通常の足し算と異なるので、「 $\uplus$ 」という記号を使うことにしよう。

「集合 $\mathbf{A}$ 」と「集合 $\mathbf{B}$ 」があるとして、

$$\mathbf{A} \uplus \mathbf{B} \equiv \mathbf{A} \cup \mathbf{B} - \mathbf{A} \cap \mathbf{B}$$

と定義する。

なにやら「足し算」を定義するのに「引き算」が出てきて、誤魔化しのように見えるかもしれないが、このほうが定義が簡単になるというだけなので気にしないでもらいたい。

先に「演算子 $\cup$ と $\cap$ 」を説明しておくと、「演算子 $\cup$ 」は2つの集合の「和集合」(合併、結び) を、「演算子 $\cup$ 」は2つの集合の「積集合」(共通部分, 交わり) を表わす。

集合の引き算(–) であるが、これは「補集合」を表わす。「補集合」は、「$\mathbf{A} \setminus \mathbf{B}$」とも書く。いずれにせよ、「第1項」から「第2項」を取り除くと考えるとよい。

(計算機科学の言葉で言えば、「演算 $\uplus$」は「エクスクルーシブ・オア」である)。

さて、「集合 $\mathbf{A}, \mathbf{B}$ 」が「冪集合 $\wp(\mathbf{S})$」の元、すなわち「$\mathbf{A},\mathbf{B} \in \wp(\mathbf{S})$」であるとき、

- $\mathbf{A} \uplus \mathbf{B} \in \wp(\mathbf{S})$
- $(\mathbf{A} \uplus \mathbf{B}) \uplus \mathbf{C} = \mathbf{A} \uplus (\mathbf{B} \uplus \mathbf{C})$

が成り立つ。

また、「空集合 $\varnothing$ 」は、「$\varnothing \uplus \mathbf{A} = \mathbf{A}$ 」のように、「単位元」として振舞う。

つまり、「集合 $\wp(\mathbf{S})$ と演算子 $\uplus$ の組み」$(\wp(\mathbf{S}), \uplus)$ は、「モノイド」をつくる。

もう一つ演算子を導入しよう。

といっても、すでにある「積集合演算子 $\cap$ 」だ。

この「$\cap$」についても、

- $\mathbf{A} \cap \mathbf{B} \in \wp(\mathbf{S})$
- $(\mathbf{A} \cap \mathbf{B}) \cap \mathbf{C} = \mathbf{A} \cap (\mathbf{B} \cap \mathbf{C})$

であり、また元の「集合 $\mathbf{S}$ 」が「$\mathbf{S} \cap \mathbf{A} = \mathbf{A}$ 」のように「単位元」として振舞う。

つまり、「集合 $\wp(\mathbf{S})$ と演算子 $\cap$ の組み」$(\wp(\mathbf{S}), \cap)$ は、「モノイド」をつくる。

演算子「$\uplus$ 」と「$\cap$ 」について、次の規則 (分配律) を設けることは、差し支えない。

$$\mathbf{A} \cap (\mathbf{B} \uplus \mathbf{C}) = (\mathbf{A} \cap \mathbf{B}) \uplus (\mathbf{A} \cap \mathbf{C})$$

$$(\mathbf{A} \uplus \mathbf{B}) \cap \mathbf{C} = (\mathbf{A} \cap \mathbf{C}) \uplus (\mathbf{B} \cap \mathbf{C})$$

あとは「逆元」がそろえば、「集合 $\wp(\mathbf{S})$」と「演算子 $\uplus$、$\cap$」とで「環」ができるところなのだが、「環」と近い性質をもつので「集合 $\wp(\mathbf{S})$ と演算子 $\uplus, \cap$ の組み」$(\wp(\mathbf{S}), \uplus, \cap)$ を**「半環」**と呼ぶ。

「集合 $\mathbf{A}$」に対して、次のような「集合 $\bar{\mathbf{A}}$」が存在する。

$$\bar{\mathbf{A}} \equiv \mathbf{S} - \mathbf{A}$$

「集合 $\bar{\mathbf{A}}$」を**「補元」**と呼ぶ。「補元」は「$\complement \mathbf{A}$」とも書く。

「補元」は、これまでの「逆元」とは異なるが、「補元」を使うと、次の性質が言える。

$$\bar{\mathbf{A}} \uplus \mathbf{A} = \mathbf{S}$$

$$\bar{\mathbf{A}} \cap \mathbf{A} = \varnothing$$

この組み合わせ（半環）$(\wp(\mathbf{S}), \uplus, \cap)$ は、後述するように**「ブール束」**という、「環」とは別の「代数構造」を形成している。

「束」のことも慣例上「代数」と呼ぶので、「ブール束」は**「ブール代数」**とも呼ぶ。

4.2 ブール型

「C++」には「bool型」があり、**「論理演算」（ブール演算）**が定義されている。

次のように使うことができる。

```
#include <iostream>
int main() {
      bool t = true;
      bool f = false;
      std::cout << "t && f == " << std::boolalpha << (t &&
f) << std::endl;
      return 0;
}
```

「論理演算」は、プログラマーにとってなじみ深いものであるが、もう一度おさらいしておこう。

まず「真」を「T」、「偽」を「F」で表わすことにする。「論理積」を「$\wedge$」で、「論理和」を「$\vee$」で表わすことにしよう。

それぞれ「C++」では、「&&」(または「and」)と「||」(または「or」)に相当する。

「論理積」は、次の規則に従う。

$$T \wedge T = T$$
$$T \wedge F = F$$
$$F \wedge T = F$$
$$F \wedge F = F$$

「論理和」は、次の規則に従う。

$$T \vee T = T$$
$$T \vee F = T$$
$$F \vee T = T$$
$$F \vee F = F$$

ここで注目してほしいのは、「T」と「F」からなる「集合 $\mathbb{B}$」を考えたときに、その元「$a, b \in \mathbb{B}$」の二項演算の結果もまた「$\mathbb{B}$」の元である。

つまり「$a \wedge b \in \mathbb{B}$」かつ「$a \vee b \in \mathbb{B}$」である。

次に、「演算 $\wedge$」と「演算 $\vee$」それぞれに、「結合律」が成り立っているかどうかを見てみる。

値が「T」と「F」しかないので、総当たりすればすぐに結論が出て、「$a, b, c \in \mathbb{B}$」のとき、

$$a \wedge (b \wedge c) = (a \wedge b) \wedge c$$
$$a \vee (b \vee c) = (a \vee b) \vee c$$

であることが分かる。

また、「論理積」の「単位元」は「T」であり、「論理和」の「単位元」は「F」であることも読み取れる。「分配律」も成り立つ。

$$a \wedge (b \vee c) = (a \wedge b) \vee (a \wedge c)$$

$$(a \vee b) \wedge c = (a \wedge c) \vee (b \wedge c)$$

ここまでくると、「ブール代数」と「bool 型」が無関係ではないことに気づく

だろう。

確かに、「ブール代数」の「演算子 $\uplus$ 」と「論理和 $\vee$ 」が、「演算子 $\cap$ 」と「論理積 $\wedge$ 」が対応しそうである。そこで、「補元」があるかどうか考えてみよう。

$$\overline{a} \vee a = T$$
$$\overline{a} \wedge a = F$$

となるような「 $\overline{a}$ 」があればよく、これは「 a 」の「論理否定」(「C++」で言えば「~演算子」または「not演算子」)である。

「論理否定」は、通常「 $\neg$ 」で表現するので、この場合は、

$$\overline{a} \equiv \neg a$$

と書ける。

*

おさらいすると、「集合 $\{T,F\}$ 」と、「演算子 $\wedge$ 、$\vee$ 、$\neg$ 」は、「代数」を作る。

「演算子」が1個多いと思うかもしれないが、実際のところ、

$$a \vee b = \neg(\neg a \wedge \neg b)$$

という関係(**ド・モルガンの定理**と言う)があるので、演算子は実質2個である。

*

最後に、「ブール代数」における「集合 $\mathbf{S}$ 」との関係を見ておこう。

「集合 $\mathbf{S}$ 」として、元が1個の集合を考えればなんでもよく、たとえば「 $\mathbf{S} \equiv \{s_1\}$ 」としておこう。そうすると「 $\wp(\mathbf{S}) = \{\varnothing, \mathbf{S}\}$ 」となる。そこで、

$$T \equiv \mathbf{S}$$
$$F \equiv \varnothing$$

と決めておけば、「bool 型の演算」とは「ブール代数」そのものと一致することが分かる。

4.3 束

「集合 $\mathbf{A}$」と「演算子 $\sqcap$、$\sqcup$」について、「$a_1, a_2, a_3 \in \mathbf{A}$」としたときに、「結合律」、

$$a_1 \sqcap (a_2 \sqcap a_3) = (a_1 \sqcap a_2) \sqcap a_3$$

$$a_1 \sqcup (a_2 \sqcup a_3) = (a_1 \sqcup a_2) \sqcup a_3$$

が成り立ち、「演算子 $\sqcap$、$\sqcup$」について、それぞれ「可換」すなわち、

$$a_1 \sqcap a_2 = a_2 \sqcap a_1$$

$$a_1 \sqcup a_2 = a_2 \sqcup a_1$$

であり、次の**「吸収律」**、

$$a_1 \sqcap (a_1 \sqcup a_2) = a_1$$

$$a_1 \sqcup (a_1 \sqcup a_2) = a_1$$

が成り立つとき、$(\mathbf{A}, \sqcap, \sqcup)$ を**「束」**と呼ぶ。「吸収律」が成り立たないものを「半束」と呼ぶ。
(ここで「束」は英語の「lattice」の訳である。なぜ断るかというと、実は別の数学用語である「bandle」も日本語では「束」と呼ぶためである)。

ある「束」について、「分配律」すなわち、

$$a_1 \sqcap (a_2 \sqcup a_3) = (a_1 \sqcap a_2) \sqcup (a_1 \sqcap a_3)$$

$$(a_1 \sqcap a_2) \sqcup a_3 = (a_1 \sqcap a_3) \sqcup (a_2 \sqcap a_3)$$

が成り立つとき、その「束」を**「分配束」**と呼ぶ。

また、ある「束」について、「$\sqcap$ の単位元」を「1」とし、「$\sqcup$ の単位元」を「0」としたときに、「元 a」に対する「補元 $\overline{a}$」すなわち、

$$\overline{a} \sqcup a = 1$$

$$\overline{a} \sqcap a = 0$$

なる「$\overline{a}$」が存在する場合、その「束」を**「可補則」**と呼ぶ。

「補元」のある「分配束」のことを「ブール束」または「ブール代数」と呼ぶ。

「bool型」の「演算子 $\wedge$ 、$\vee$ 」を「束」の「$\sqcap$ 、$\sqcup$ 」にそれぞれ対応させると、「bool 型」は、「結合律」と「可換律」を満たしていることが分かる。さらに、「吸収律」をも満たしている。

「$a_1 \sqcap (a_1 \sqcup a_2) = a_1$」について、「$a_1, a_2$ 」がそれぞれ「T ,F 」の場合について総当たりすると、

$$T \wedge (T \vee T) = T$$

$$T \wedge (T \vee F) = T$$

$$F \wedge (F \vee T) = F$$

$$F \wedge (F \vee F) = F$$

であり、「$a_1 \sqcup (a_1 \sqcap a_2) = a_1$」についても、「$a_1, a_2$ 」がそれぞれ「T ,F 」の場合について総当たりすると、

$$T \vee (T \wedge T) = T$$

$$T \vee (T \wedge F) = T$$

$$F \vee (F \wedge T) = F$$

$$F \vee (F \wedge F) = F$$

であるから、確かに「bool 型」は「束」の条件を満たしている。

さらに、「bool型」は「分配律」、

$$a_1 \wedge (a_2 \vee a_3) = (a_1 \wedge a_2) \vee (a_1 \wedge a_3)$$

$$(a_1 \vee a_2) \wedge a_3 = (a_1 \wedge a_3) \vee (a_2 \wedge a_3)$$

が成り立っており、「否定演算子」が「補元」を与えると考えると、「分配束」かつ「可補束」である。

すなわち、「bool型」は、厳密に「ブール束」なのである。
「分配律」が成り立たない一般の「束」は、量子力学の理論的背景を支える強力なバックボーンになっている。
この「一般の束」について多大な貢献をしたのは、デジタルコンピュータの祖である「フォン・ノイマン」である。

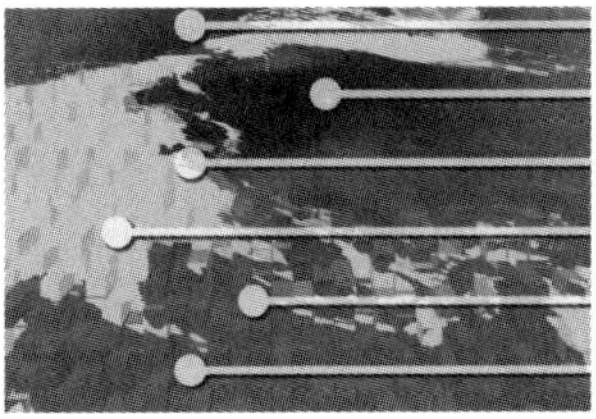

memo

参考文献

参考文献

クォータニオンについてより深く知りたい人のために、参考文献をあげる。ベクトルと線形代数（行列の数学）に関する教科書としては、次の書籍をあげておく。

・Richard Feynman 著，坪井忠二訳『ファインマン物理学 I: 力学』岩波書店，1967.

物理学の教科書であるが、ベクトルの概念と、外積の復習によい。

・千葉則茂，土井章男：『3 次元 CG の基礎と応用（新 情報教育ライブラリ）』，サイエンス社，2004.

3 次元 CG の基礎の解説．最低限マスターしておきたい内容が載っている。

・郡山彬，原正雄，峯崎俊哉著：『CG のための線形代数』，森北出版，2000.

本書は 3 次元 CG のモデルビュー変換（OpenGL でいえば GL_MODELVIEW モードで、3 次元→ 3 次元の変換のこと）の解説であったが、3 次元 CG のもうひとつの重要な変換であるプロジェクション変換（OpenGL でいえば GL_PROJECTION モードで、3 次元→ 2 次元の変換のこと）の数学を解説した教科書。モデルビュー変換の解説ものっている。

*

3 次元 CG の幾何学をもっと本格的に勉強したい人向けの教科書として、次の書籍をあげる。

・今野晃市著：『3 次元形状処理入門―3 次元 CG と CAD の基礎―』，サイエンス社，2003.

CG における 3 次元形状処理の教科書。行列やベクトルの演算方法からはじまり、自由曲面に関する数学と OpenGL による実例（C++ 言語による）がのせられている。

*

本書で扱った数学を本格的に学びたい人への入門書として、次の書籍をあげる。

・梁成吉：『キーポイント行列と変換群』，岩波書店，1996.

クォータニオン理解のためには、本書の次のステップとして読むべき書。この教科書を読めば、ベクトルの特殊直交変換（我々の $\boldsymbol{p}$ と $\boldsymbol{T}$）、特殊ユニタリ変換（我々の $\boldsymbol{P}$ と $\boldsymbol{U}$）について深く理解できる。群論にも触れられており、めくるめく数学の世界への入門書にもなる。ただし、「クォータニオン」という語は出てこない。

・薩摩順吉，四ツ谷晶二：『キーポイント線形代数』，岩波書店，1992.

行列に関する教科書。逆行列の求め方を詳しく解説している。

・和達三樹：『微分・位相幾何』，岩波書店，1996.

本書で少しだけ触れた、ウェッジ積に関する教科書。ベクトルの外積が3次元でしか成り立たず、したがってクォータニオンによる回転もまた3次元空間特有の事情であることが理解できよう。

・Marc Alexa: "Linear Combination of Transformations", Proceedings of ACM SIG-GRAPH 2002, pp.380.387, ACM, 2002.

回転と平行移動の同時補間を行うための新しい数学について述べられている。

＊

クォータニオンや他の「数」に関する歴史は次の書籍にのっている。

・足立恒雄：『数―体系と歴史』，朝倉書店，2002.

「数」について系統的に述べられており、クォータニオンが数の仲間内でどのような位置づけにあるのかが明確になる。また、「数」の発展の歴史も分かる。

＊

本書ではOpenGLを対象に解説を行なったが、実時間3次元CG用APIとしてOpenGLと人気を二分するDirectXに関する解説書をあげておく。同じことを違うツールで勉強することは、理解を深めるよい方法である。

・N2Factory『DirectXゲームグラフィックスプログラミング』，ソフトバンクパブリッシング，2003.

Windows向けゲームではOpenGLよりも圧倒的に多く使われているDirectXグラフィックスの解説書。ベースとなる数学は同じであるが、OpenGLとDirectXでは表現方法がだいぶ異なる。両方勉強すると、3次元CGにとって何が本質かが見えてくるであろう。

・大川善邦：『DirectX9 3Dゲームプログラミング Vol.1 Vol.2』，工学社，2003.

DirectX9のグラフィックス部分の解説書。3次元の回転が詳しく書かれている。サンプル・プログラムにC#言語を使用している。

・I/O編集部：『書籍版DirectX9実践プログラミング』，工学社，2003.

DirectX9全般の解説はこちら。

＊

今後の実時間3次元CGは、プログラマブル・シェーダを用いた、より高度な処理が行なわれるようになるだろう。たとえば、近い将来の実時間3次元CGではレンダリング方程式を実時間で処理する（レイトレーシングやラジオシティなどを実時間で実行する）ようになるかもしれない。そのための準備として、次の書籍をあげておく。

・Randima Fernando,Mark J. Kilgard 著, 中本浩訳 :『The Cg Tutorial 日本語版』, ボーンデジタル ,2003.

シェーダー言語Cgの解説書。OpenGLとDirectXのどちらからも利用可能。ちなみに著者の一人Mark J. Kilgard氏はGLUTの開発者として有名。

・Anthony A.Apodaca,Larry Gritz 著, 安達基久, 安藤幸央, 内田聡美, 鑓溝真也訳, 木下裕義, 杉山明編 :『Advanced RenderMan 日本語版』, ボーンデジタル ,2003.

3次元CG版のPostScriptともいうべき、プログラマブルな3次元シーン記述言語。いずれ、RenderManのコンセプトがグラフィックス・プロセッサ（GPU）にのるだろう。

・Henrik W. Jensen 著, 苗村健訳 :『フォトンマッピング―写実に迫るコンピュータグラフィックス』, オーム社 ,2002.

オフライン・レンダリング（非実時間3次元CG）に関する教科書。訳者が内容を深く理解しており、また訳本は原本のエラーを訂正しているため、英語のできる人でも訳本のほうがお勧め。

＊

最後に、本書でも用いたOpenGLとGLUTの解説書をあげておく。

・床井浩平 :『GLUTによるOpenGL入門―「OpenGL Utility Toolkit」で簡単3Dプログラミング！(I・O BOOKS) 』, 工学社 ,2005.

OpenGLとGLUTの入門書。丁寧な解説がなされている。

・OpenGL 策定委員会著, 松田晃一訳 :『OpenGL プログラミングガイド 原著第5版』, ピアソンエデュケーション ,2006.

実時間CGを語る上ではやはりこの本は外せない。OpenGLは3次元CG技法の比較的「素直な」実装であるため、プログラミングを通して3次元CGの基礎を学べる。

索　引

数字

アルファベット順

C

D

Z

五十音順

あ

い

う

え

か

き

く

[著者略歴]

金谷 一朗（かなや いちろう）

1973年生まれ。
1995年　関西大学工学部電気工学科卒業。
1999年　奈良先端科学技術大学院大学情報科学研究科博士後期課程修了。
2008～2014年　大阪大学大学院工学研究科准教授。
2015～2019年　長崎県立大学情報システム学部教授。
2020年～　長崎大学情報データ科学部教授
専攻：コンピュータ・グラフィックス、インタラクティブ・テクノロジー、感情工学。
ホームページ：http://www.pineapple.cc/

[主な著書]
ファンクション＋アクション＝プログラム【関数型プログラミングのススメ】（2011年）
3D-CGプログラマーのためのリアルタイムシェーダー入門【理論と実践】（2008年）
3D-CGプログラマーのための実践クォータニオン（2004年）
3D-CGプログラマーのためのクォータニオン入門（2004年）
3D-CGプログラマーのためのクォータニオン入門［増補版］（2015年）
3D-CGプログラマーのためのクォータニオン入門［三訂版］（2018年）（以上、工学社）

【サンプルプログラムのダウンロード】

本書の付録で作成しているプログラムのソース・コードとWindows用の実行ファイルは、工学社のホームページからダウンロードできます。

下記URLの工学社トップ・ページから、［サポート］→［3D-CGプログラマーのためのクォータニオン入門【四訂版】］へと進んでください。

［URL］http://www.kohgakusha.co.jp/

《質問に関して》

本書の内容に関するご質問は、

①返信用の切手を同封した手紙
②往復はがき
③ FAX(03)5269-6031
（返信先のFAX番号を明記してください）
④ E-MAIL　editors@kohgakusha.co.jp

のいずれかで、工学社編集部あてにお願いします。

なお、電話によるお問い合わせはご遠慮ください。

I/O BOOKS

3D-CGプログラマーのためのクォータニオン入門［四訂版］

2022年11月25日　初版発行　©2022

著　者　金谷　一朗
発行人　星　正明
発行所　株式会社 工学社
〒160-0004
東京都新宿区四谷 4-28-20 2F
電　話　(03) 5269-2041（代）［営業］
(03) 5269-6041（代）［編集］
振替口座　00150-6-22510

※定価はカバーに表示してあります。

印刷：（株）エーヴィスシステムズ　ISBN978-4-7775-2222-4